火星训练营系列丛书

丛书主编　赵玉芬

探索神奇火星

赵玉芬　主编

科学普及出版社
·北　京·

图书在版编目（CIP）数据

探索神奇火星 / 赵玉芬主编. -- 北京：科学普及出版社，2022.8（2024.11 重印）

（火星训练营系列丛书 / 赵玉芬主编）

ISBN 978-7-110-10405-7

Ⅰ. ①探… Ⅱ. ①赵… Ⅲ. ①火星－普及读物 Ⅳ. ① P185.3-49

中国版本图书馆 CIP 数据核字（2021）第 272584 号

策划编辑 符晓静 王晓平
责任编辑 王晓平
封面设计 瑞东国际
正文设计 瑞东国际
责任校对 邓雪梅
责任印制 李晓霖

出　　版 科学普及出版社
发　　行 中国科学技术出版社有限公司
地　　址 北京市海淀区中关村南大街 16 号
邮　　编 100081
发行电话 010-62173865
传　　真 010-62173081
网　　址 http://www.cspbooks.com.cn

开　　本 720mm × 1000mm 1/16
字　　数 180 千字
印　　张 12.5
版　　次 2022 年 8 月第 1 版
印　　次 2024 年 11 月第 2 次印刷
印　　刷 北京荣泰印刷有限公司
书　　号 ISBN 978-7-110-10405-7 / P · 228
定　　价 68.00 元

主　编　赵玉芬

副主编　李　龙

编　者（排名无先后）

李一良　姚　伟

陈宇综　华跃进

郑慧琼　郭金虎

黄少华　丁传凡

马华彬　应见喜

王　宁　郭丹丹

胡静波　黄碧玲

序

由赵玉芬院士主编的科普读物《探索神奇火星》，源于其领衔的宁波大学天体化学与空间生命—钱学森空间科学协同研究中心的系列科普活动之“火星夏令营”中的精彩内容。

该书文字流畅，图文并茂，有问有答，妙趣横生。书中不仅介绍了火星探索、火星环境和火星改造等科学知识，还强调了磷元素对于火星生命探索的重要性，更对天体生物学做了全面的讲解，尤其是对火星农场及空间时间的介绍，富有新颖性和趣味性。此外，本书还特别关注了可持续太空探索所面临的科技挑战，为未来探索火星提供了新的思路。

该书可读性强，非常适合广大青少年和天文爱好者阅读。编者赵玉芬院士及其领导的团队是一批有担当、有责任感的科学家，热衷于普及科学知识、弘扬科学家精神。他们在探索科技前沿的同时，不断地认识科学与社会发展的关系，培养科学的质疑和批判思维。

今天是中国航天日。2022年“中国航天日”以“航天点亮梦想”为主题，倡导全社会仰望星空，脚踏实地，奋斗奉献，努力做新时代的追梦人，汇聚起实现中国梦的磅礴力量。相信该书的出版能很好地传播火星探索和空间科学知识，吸引更多的青少年崇尚科学、探索未知、投身航天事业。

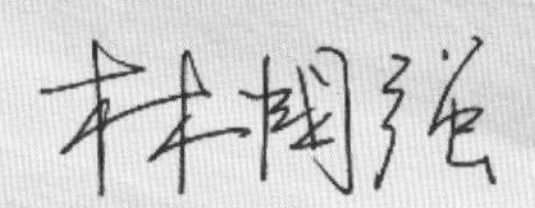

中国科学院院士

中国科学院上海有机化学研究所研究员

2022年4月24日

前言

屈原楚辞中的一篇奇文《天问》，开篇即说："遂古之初，谁传道之？上下未形，何由考之？"

面对茫茫宇宙，浩瀚太空，人类在感慨自身渺小的同时，也在不断追寻着探索太空、认识太空的梦想。太空探索的终极目标是建设更加美好的人类家园。自从人类开始航天探索以来，科技的进步把人类的视野和希望引领到广阔的太空；探索过程中获得的所有科学知识以及新技术都将用于改善人类的生活质量。

习近平总书记在2017年"全球航天探索大会"贺信中强调："中国历来高度重视航天探索和航天科技创新，愿加强同国际社会的合作，和平探索开发和利用太空，让航天探索和航天科技成果为创造人类更加美好的未来贡献力量。"

2020年4月24日是第五个中国航天日，国家航天局宣布将我国行星探测任务正式命名为"天问"，将我国第一个火星探测器命名为"天问一号"。火星（Mars）是位于太阳系由内而外的第四颗行星。在火星的大气中，CO_2的含量高达95%。而且它和地球一样，也有光照和土壤，和地球有着相似的自转周期，有春夏秋冬四季的更迭。近现代科学探究表明，火星存在水和生命的痕迹。因此，探索火星、寻找火星生命一直是科学家探讨的热点话题。

宁波大学天体化学与空间生命—钱学森空间科学协同研究中心在这个背景下牵头举办了“火星夏令营”，旨在培养大学生对火星、太空的兴趣，对他们进行一次科学的洗礼，激发一次激动人心的头脑风暴，引导大学生积极投身航天事业。本次火星夏令营通过火星大讲堂和趣味实验两种方式，激发和引导大学生了解和探索火星。

在火星大讲堂中，我们邀请到了包括中国空间技术研究院钱学森实验室姚伟研究员在内的9位空间科学领域的杰出科学家为我们做报告。报告内容涵盖宇宙化学、空间物理学、天体生物学，涉及生命起源、火星农场的改造、火星移民等科幻片中才能领略到的航天知识。为继承和传播科普活动的精华，我们将火星大讲堂的精华整理成了本书，相信这会是贡献给广大青少年和航天爱好者的一场知识盛宴。

由于编写时间和资料有限，不妥之处在所难免，希望广大读者提出宝贵意见。

中国科学院院士
天体化学与空间生命—钱学森空间科学
协同研究中心主任
宁波大学新药技术研究院院长、教授

目录

第一章

什么是天体生物学

第二章

磷与火星生命探索

第三章

火星探索及太空科技发展

第四章

火星环境、火星生命与火星改造

我们常会思考生命是怎么开始的，我们在宇宙中是否孤独。科学家根据自己的研究兴趣，利用不同的研究方法探索这些问题。这些研究也深刻地改变了人们对生命和宇宙的认识。近年来，我国探月、火星工程取得了举世瞩目的成就，天体生物学与深空探测相辅相成，逐渐形成以宜居环境、生命起源以及生命——环境协同演化的研究主线。

第一章

什么是天体生物学

李一良　香港大学地球科学系

从夸父追日、嫦娥奔月的神话传说到17—19世纪对月球和火星存在生命的猜想，再到现代航天技术和科学的飞速发展，人类对宇宙和生命的认识不断深入。天体生物学正是探讨和研究宇宙演化背景下，生命的起源、演化、分布和未来的一门交叉学科。天体生物学是一个极其宏大的概念，涵盖很多不同的科学问题，比如，①什么是生命？②什么样的恒星周围有行星环绕，什么样的行星上面可能会出现生命？③从星际分子云到生命发生前的化学变化；④生命的起源和演化；⑤极端环境中的生命；⑥宇宙中生命的宜居性和传播，例如，是否有外星人，他们是否会访问地球？作为普通人，我们常会问：生命是怎么开始的，我们在宇宙中是否孤独？科学家根据自己的研究兴趣，利用不同的研究方法探索这些问题。这些研究也深刻地改变了人们对生命和宇宙的认识。近年来，我国探月、火星工程取得了举世瞩目的成就，天体生物学与深空探测相辅相成，逐渐形成以宜居环境、生命起源以及生命—环境协同演化的研究主线。

天体生物学是深空探测基础科学的重要研究内容。作为一门学科，其发展有没有明确的规划呢？美国国家航空航天局（National Aeronautics and Space Administration，NASA）和欧洲航天局（European Space Agency，ESA）都把天体生物学列为其主要发展方向，予以优先支持。2008年，美国NASA发布《天体生物学发展路线图（第三版）》，并于2015年和2019年制订了两版天体生物学的战略规划，比较完善地阐述了天体生物学的起源、发展、方向和未来。2016年，欧洲科学基金会（European Science Foundation，ESF）也发表了一份天体生物学路线图。该路线图综合了对生命在宇宙演化背景下的起源、演化、生活和分布情况的全面理解以及对太阳系或其他地区宜居性的思考等，共确定了5个研究主题及关键科学目标（图1–1），并于2019年成立了欧洲天体生物学研究所。我国在天体生物学装置、载荷和生物实验等方面的研究进展迅速，在微重力、辐射等空间极端环境对生物的影响等方面取得了重要进展。虽然我国许多科研机构也成立了天体生物学相关的研究组，初步培养了一批天体生物学研究队伍，但与美国和欧洲国家相比仍存在差距。

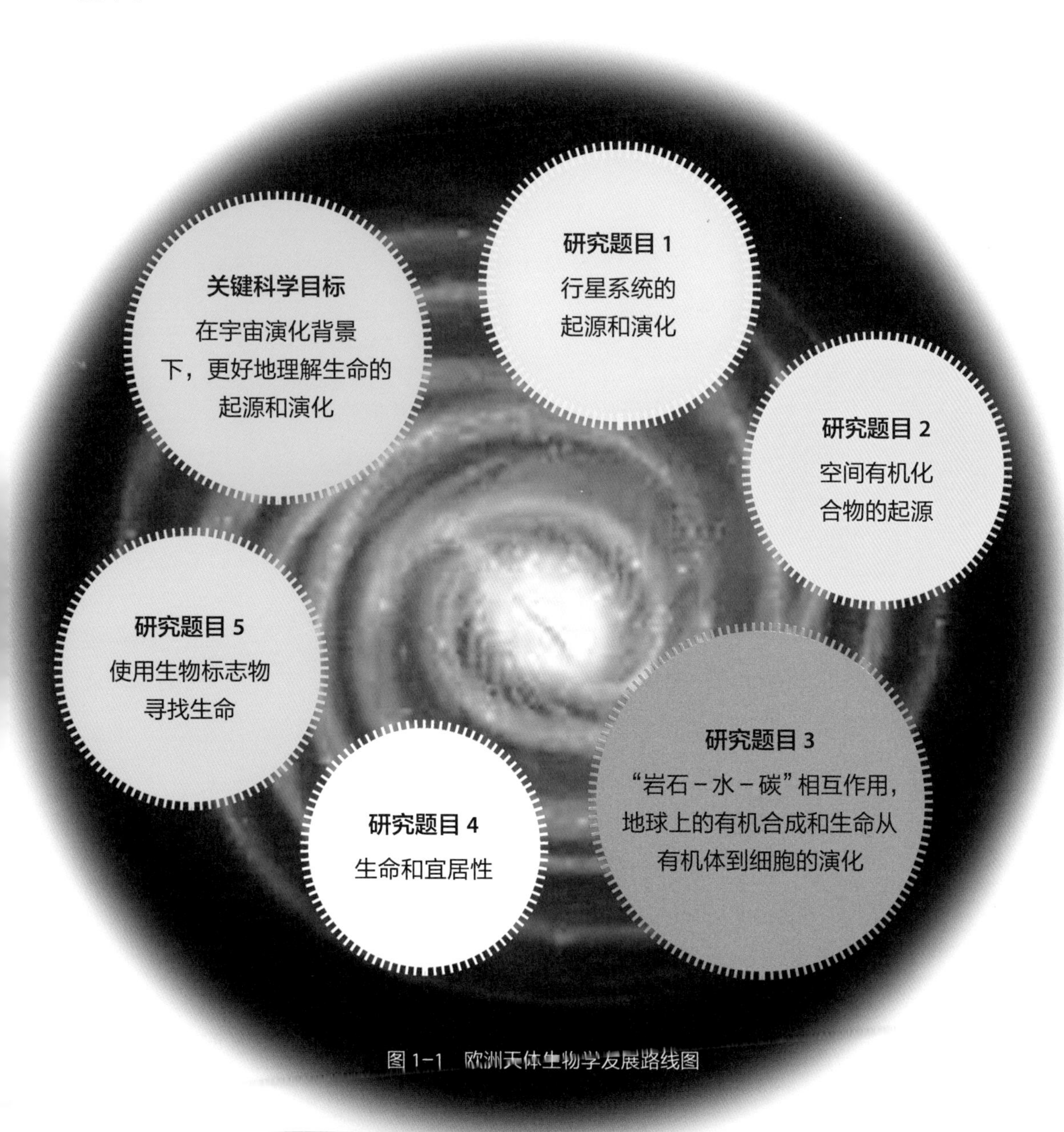

图 1-1　欧洲天体生物学发展路线图

一、我们在宇宙中是孤独的吗

什么是生命？海洋生态、陆地生态中的微生物、动植物等都是生命（图 1–2）。目前，即使在 40~70km 高度的临近空间、1 万 m 以下的深海、120℃的高温环境、–17℃的低温环境、常年干燥的沙漠、南极永久冻土带等极端环境中，也都发现了微生物等生命的存在。那么，地外的宇宙中有没有生命（如智慧生物或外星人），又有多少呢？天体生物学研究的第一个重大问题就是我们在宇宙中是不是孤独的，是不是独一无二的。我们要放眼宇宙，从地球、月球和火星的探索到太阳系、银河系的探索，再到整个宇宙的探索和研究，把它们融合起来，从天体生物学的范畴讨论和探测生命的存在。

人择宇宙学原理（简称“人择原理”）由鲍罗和泰伯拉提出。简而言之，正是由于人类文明的存在，才能解释宇宙的种种特性，包括化学、行星、环境、地质等基本自然常数。因为宇宙若不是这个样子，我们这样的智慧生命也不会谈论它。弱的人择原理认为，人类生存在众多个宇宙演化模型中的一个，假如我们不是身处当

图 1–2　海洋和陆地生态环境的多样性

注：A. 直径只有 50nm 左右的病毒；B. 体内有磁小体的细菌；C. 苔藓；D. 极富多样性的海洋生态；E. 人类从自然到技术文明的演化道路；F. 智能手机革命性地改变了人类生活方式；G. 极富多样性的陆地生态。

前这个模型，即宇宙不是以这种模型演化，我们也不会在这里。强的人择原理则更肯定宇宙一定会生出有智慧的生物，不允许宇宙以其他无法令我们生存的选择出现。当人类出现后，文明将会以一种有智慧的形式存在并传遍宇宙，而且终会和宇宙其他文明进行交流。

公元前 341 年，古希腊哲学家伊壁鸠鲁（Epicurus）从朴素哲学角度出发，认为在无尽的宇宙中，有无数有生命的世界；既然我们可以存在，那么别的生命（世界）也可以存在。1965 年，诺贝尔生理学或医学奖获得者之一法国生物学家贾克·莫诺（Jacques Monod），根据生物的复杂程度，从经验和实验出发，认为生命的出现非常困难，在宇宙中出现生命的概率几乎为零。1995 年，人类第一次直接观察到了太阳系以外的一颗行星。到 2021 年为止，人类已经确认了 5011 颗太阳系以外的行星（图 1–3）。

图 1–3　宇宙中的部分行星示意

注：该图只显示了人类迄今所发现的系外行星的很少一部分；我们要寻找的是该图中最小的，甚至比它们更小的行星；因为它们才是与地球大小接近的行星，才可能是岩石星球。

随着现代观测技术的巨大突破，人类通过对行星的观察，或许可以找到哪些行星上和恒星系中可能有生命存在。第一，我们要找到跟地球大小相近的类地行星（super-earth），但目前发现的绝大多数行星都太大，例如，地球是木星质量的1/318（图1–4）；第二，其宿主恒星也需要与太阳的大小类似，而且与行星的距离适中。根据估算，银河系有1000亿~4000亿颗恒星，至少有170亿颗恒星及其周围的行星和地球类似，具有生命存在的环境和可能性，或许银河系中有外星人，只是我们尚未发现。

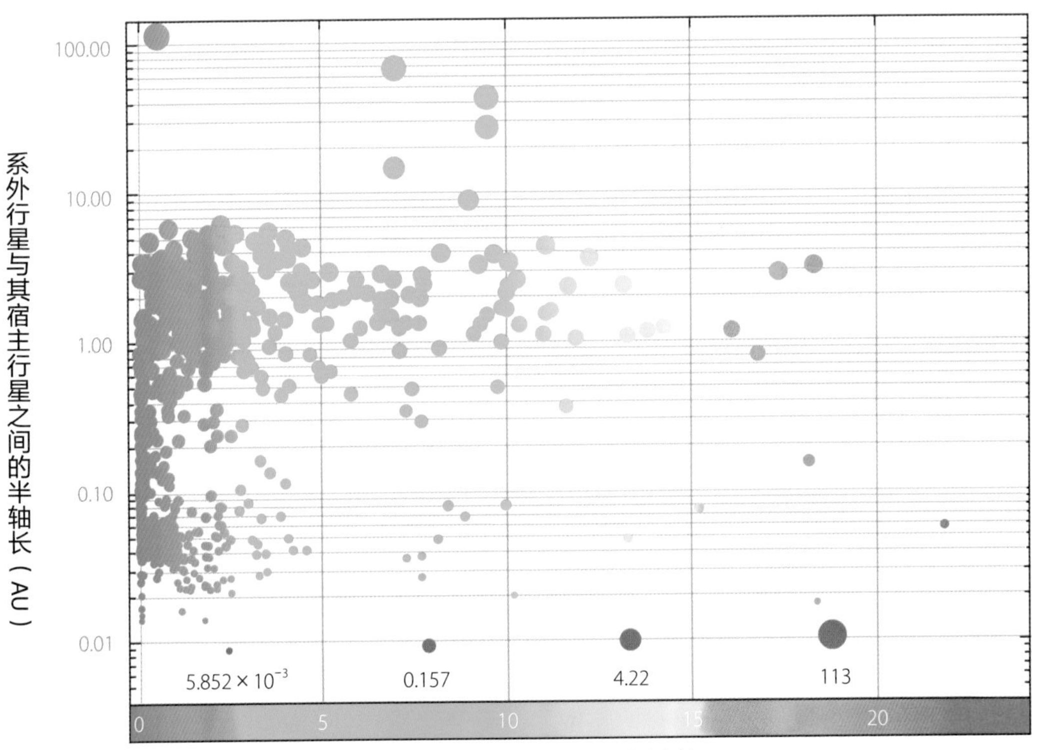

图 1–4　截至 2014 年所发现的系外行星的大小及其与宿主恒星之间的距离

注：由于观察手段的限制，这些系外行星大小可能是偏离真实情况的。

二、宜居环境

宜居环境指具有适宜任何形式生命起源或生存的环境，其空间范围可以大至一个行星系统，也可以小至微生物生存的微尺度环境。存在液态水是核心指标，能量（太阳能或化学能）、生命所需的基本元素（C、H、O、N、S、P）等也是影响环境宜居性的重要参数。在44亿年前形成的矿物质锆石中，地质学家发现了低温水—岩石相互作用的证据。这表明地球在45.4亿年的历史长河中，经过最初的不到1.5亿年的时间就形成了海洋。这是行星地球满足生命存在的一个首要因素。

根据已发现的系外行星的数量和大小，我们基本可以肯定在银河系中存在很多生命世界。它们主要分布在银河系的银盘上，既不能靠近银河系的中心，也不会位于其边缘。因为银河系的中心超新星爆发频率高，超新星一旦发生爆炸，将会毁灭周围的生命；而位于银河系边缘的恒星缺乏金属、硅酸盐等生命起源所需的物质环境（图1–5）。

图1–5　太阳在银河系中的位置及银河系的宜居带

注：银河系的中心有较高的超新星爆发频率，边缘的恒星则处于形成和演化的早期，都不是适宜生命存在的地方。

图 1–6 展示了哪些恒星系统适宜生命存在。一些质量巨大的恒星非常亮，发射蓝光或紫光，但生命非常短，不适合行星和生命的演化；质量较低的恒星（如太阳），表面温度为 5700℃左右，大小合适，光度合适，寿命比较长，可以超过 100 亿年，适合生命的起源和长期演化。如果一个恒星的质量是太阳的 2.5 倍，那么它的寿命不会超过 1 亿年，不适合行星和生命的出现；如果一个恒星的质量是太阳的 1/4，那么它的寿命可能会超过 1 万亿年。这是一个宇宙还没有经历的、非常长的时间。根据恒星、行星综合模型，科学家预估了地球生态系统可以存在的时间。目前，太阳系和地球至少还有近 20 亿年或者更长的寿命。

如果一个恒星质量较大，那么它的光度和亮度都比较大，宜居带则向外移；而小质量恒星的宜居带则向内移。因此，不同行星系统会形成处于不同位置的宜居带。在太阳系中，宜居带在地球的周围，向内靠近金星，温度非常高，生命无法生存；向外包括处在太阳系宜居带内部边缘的火星（图 1–7）。在太阳系宜居带外也有一些行星环境可能宜居。比如，土星著名的卫星泰坦（Titan），大气压力是 1.5×10^5Pa，

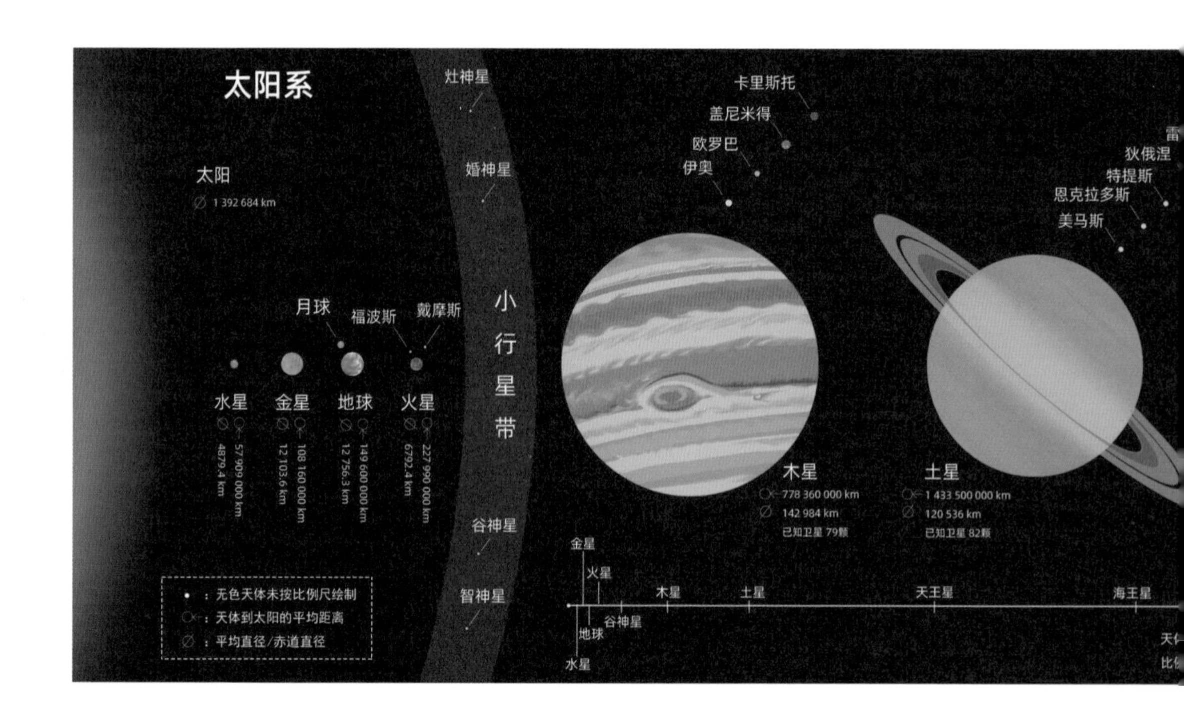

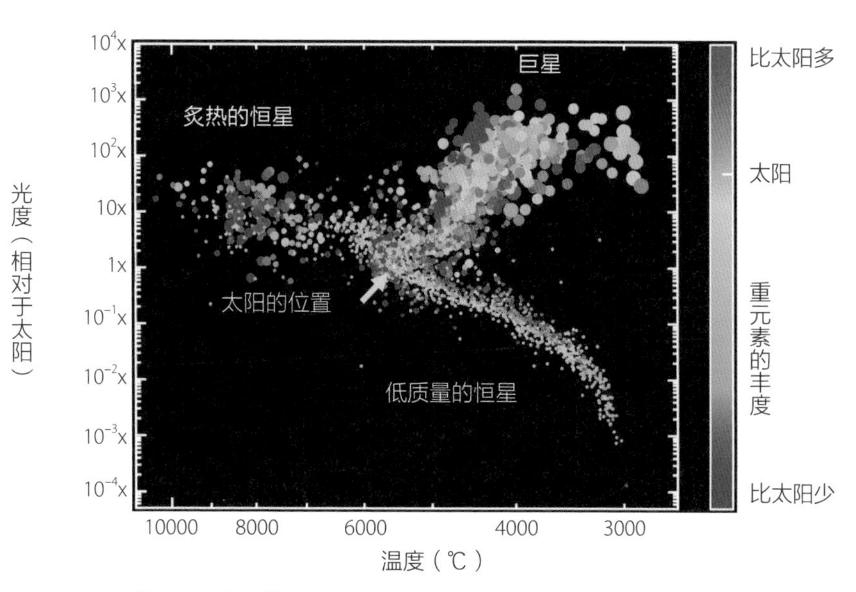

图 1-6　恒星的赫 - 罗图

注：越往左上方的恒星光度越大，表面温度越高，但寿命越短；越往右下方的恒星光度越小，表面温度越低，质量越低，寿命越长；右上方是恒星的死亡之路，对于其周围行星的宜居环境不利；右边的垂直颜色梯度给出了恒星燃烧时可形成的金属和数量；太阳系在形成过程中，重金属在行星的核心聚积。因此，它是一个大质量恒星，寿命会很短。

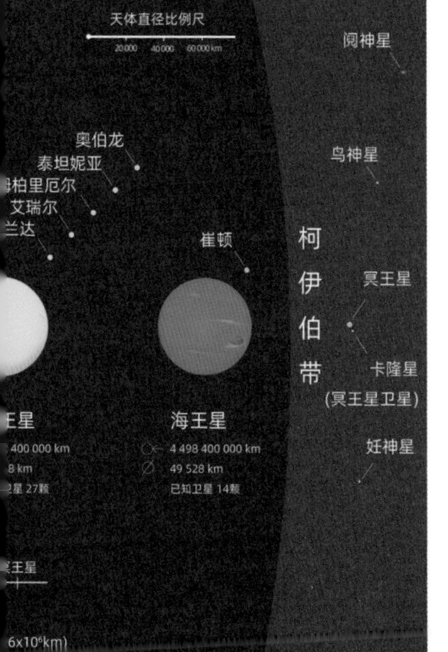

图 1-7　太阳系中的宜居带示意

注：太阳系的宜居带基本上处于金星到火星的这个环带；木星和土星的一些卫星内部有海洋，因此也是太阳系的宜居带。

温度只有 –175.15℃。科学家正在研究它是否会存在其他形式的生命。木星的卫星欧罗巴（Europa），具有非常深的海洋，深度为 75~120km（根据美国国家海洋和大气管理局网站公布的数据，地球的平均海洋深度是 3688m），液态水含量多于地球，很可能孕育生命。

科学家在证明木星的卫星存在液态水时，利用了一个非常有意思的原理：木星的潮汐力对卫星的轨道、温度甚至结构产生了极大的影响。卫星的轨道为椭圆形，潮汐力的变化会使卫星轨道变形。当卫星靠近木星时，潮汐力增大，卫星的密度和内部温度上升；反之则下降。潮汐力和温度变化又会导致冰壳融化和重新结冰等可观察现象。我们可以通过一个简单的实验模拟潮汐力：在温度很低的冬天，拿一个充气的气球模拟木星的卫星。当我们不断地挤压气球时（相当于木星的潮汐力变化），气球就会变热。这与潮汐加热类似。

在火星探索中，科学家已经证明火星上存在液态水，对火星的研究也进入下一个阶段：什么样的化学反应可以产生生命？科学家通过与地球极端微生物环境类比，可以判断生命是如何在地外天体上存在的。例如，在西伯利亚永久冻土带，冰的表面会有一个 8μm 厚的水膜，这层水膜可以维持生命的存在。火星上或许也存在这种情况。因此，对永久冻土带生命的研究可以为研究火星生命提供非常重要的参考价值。俄罗斯和英国科学家在南极沃斯托克考察站附近的冰下 4000m，发现了地球上最大的冰下湖——沃斯托克。这个湖与地球表面隔离了 200 多万年。科学家在距离沃斯托克湖 50m 的冰层中分离出了一些微生物。研究这些与地面生物圈隔离的生物是怎么演化

的，能量循环、碳循环是如何发生的，也可以对火星生命的研究提供重要参考。

科学家通过拍照和遥感测定火星的光谱吸收，可以定位碳酸岩、高铝硅酸盐等矿物质的位置和含量；而碳酸岩、高铝硅酸盐的形成必须有液态水的存在。如果我们在火星上能够找到这两种矿物，就可以证明火星上曾经有水的存在。这也是研究火星表面气候演变的方法。1996 年，《科学》（*Science*）杂志上发表了一篇轰动世界的文章。之后，科学家用将近 20 年的时间证明了该彩图中蓝色物体不是火星微生物的化石（图 1–8）。这张图片也成了一个艺术品。

图 1–8　在南极收集的火星陨石 ALH84001 中，蓝色结构的矿物组成为磁铁矿

注：科学家经过近 20 年的研究，确认图中的蓝色结构不是火星微生物的化石，而是磁铁矿。这种磁小体的长度只有 200 多纳米，而地球上最小的微生物也有将近 800nm 长。右下的两张黑白图片为水—岩石相互作用的实验结果，产生的黏土矿物颗粒看起来像微生物，但比微生物要小很多。

三、地球生命的起源

地球是目前已知的唯一存在生命的星球。认识地球生命的起源、复制和维持地球生命的起源与演化机制是天体生物学的重要研究领域，也为探寻地外生命提供基本参考。据研究表明，137 亿年前，宇宙大爆炸，氢元素和氦元素形成，而后不到 1 亿年的时间，可能就产生了第一代的恒星。46 亿年前，太阳形成并开始演化，随后围绕太阳的行星形成。地球便是在 45.4 亿年前形成的，经过小行星和彗星的撞击及漫长的演化形成海洋。一个类似火星大小的行星和地球相撞，便形成了地月系统。月球对地球的潮汐力是太阳的 2 倍多，因此形成了大海的潮涨潮落，随之形成的就是潮间带。潮间带是一个具有丰富生物多样性的区域，是生物登陆陆地的重要环境，也是地球简单生命演化为复杂生命重要步骤的发生地。

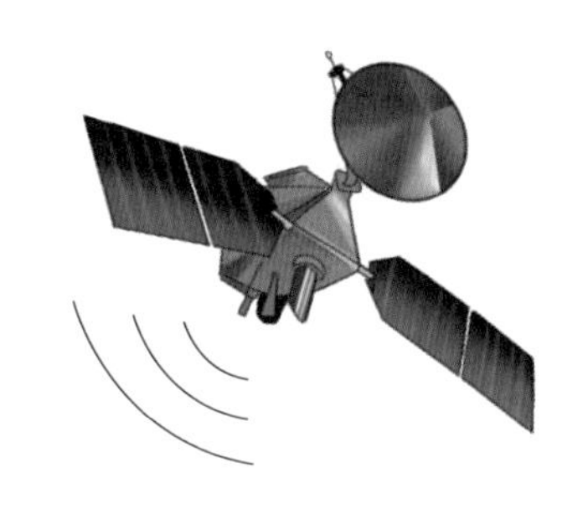

生命起源科学研究中有很多重要的人物和事件（图 1–9）。例如，罗莎琳·富兰克林（Rosalind Franklin）是发现脱氧核糖核酸（Deoxyribonucleic Acid，DNA）双螺旋结构的重要人物；1953 年，斯坦利·米勒（Stanley Miller）发现，在原始地球还原性大气中进行雷鸣闪电，能产生有机物（特别是氨基酸），证明了地球早期的自然过程可以

从无机世界产生生命所需的有机分子；安东尼奥·拉兹卡诺（Antonio Lazcano）在生命起源及早期生命演化方面取得了重大成就，从氨基酸开始探索生命产生的密码；亚历山大·奥巴林（Alexander O'Balin）提出了生命起源科学假说；桑德拉·皮扎雷罗（Sandra Pizzaarello）发现了碳质球粒陨石中氨基酸对映体过量。

1988 年，德国化学专利律师冈特·沃切肖瑟提出了基于黄铁矿的生命起源模型。他假设在核酸出现之前富含 S 的世界中，黄铁矿中还原态的 Fe 和 S 为有机合成提供了催化剂和能量，黄铁矿还具有表面稳定和保护合成的作用，有利于复杂的聚合和早期纤维素化。黄铁矿中的 Fe 是二价，S 是负一价，是一个具有高化学能的矿物，和水相互作用后，可发生无机反应形成 CO_2 和甲烷，进而和 S 等物质形成类似于氨基酸的中间物质。这些中间物质既类似于肽链，也类似于核糖核酸（Ribonucleic Acid，RNA），但很难确定到底是哪一类。这些类似物可逐渐演化成 RNA，形成 RNA 世界。这些假说证实起来非常困难，因为生命的演化是很难重复的。

图 1-9　生命起源科学中的重要人物和事件

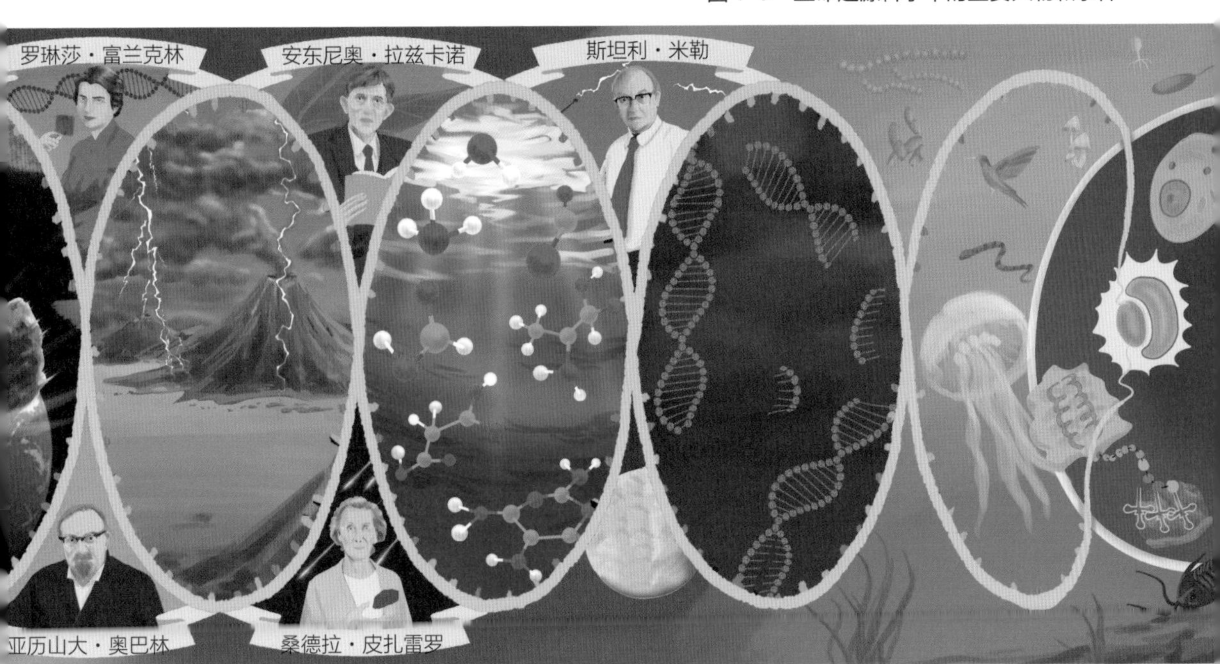

四、地球生命的演化

距今约 40 亿年的地球上可能没有生命，根据同位素 / 矿物证据，距今约 38 亿年才出现了最早的生命，距今约 20 亿年出现了多细胞生物，距今 8 亿 ~7 亿年出现了最早的宏观藻类，距今约 5.4 亿年出现了有骨骼的动物，直到 20 万年前，直立人才出现（图 1–10）。

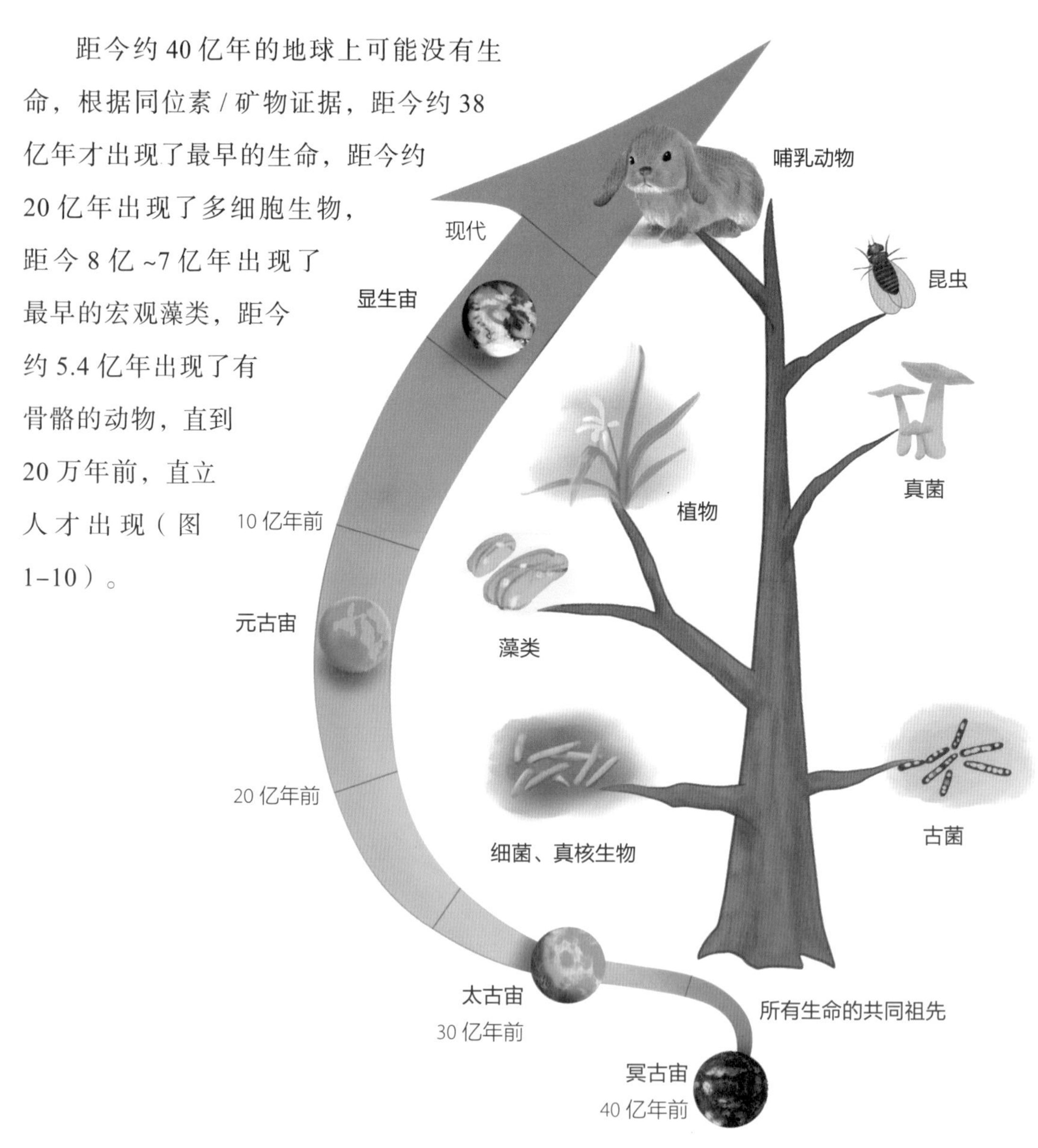

图 1–10　地球生命的演化史

孕育生命的环境可能有泥火山、潟湖、黑烟囱、金星的表面、火星的深部及其他行星、海洋等。若在这些环境里有能量、营养物质，生命的循环就有可能发生（图 1-11）。研究地球的各种极端环境，包括海底热液口、陆地热泉、火山含水层、酸矿水、盐湖、永久冻土环境等，对理解生命起源的意义重大。笔者正在研究我国青藏高原北部、柴达木盆地的最西部沙漠地区。这里是地球上最干燥的地方之一，依赖光合作用合成能量的植物难以在这里生存，那么其他生物有没有可能在这里生存呢？如果有，它们又是如何适应这里的环境的？

图 1-11　富含生命的地球极端环境

行星演化对生命的出现具有一定的限制。美国华盛顿大学的唐瑙·布朗李和彼得·瓦尔提出，地球最开始出现生命的时候，相对生物量非常多；现在的生物更加高级，但相对生物量不多，并且还会减少。在未来的10亿年中，相对生物量或许不会再增加。他还指出，根据地球生命演化的途径，假设完全是达尔文的自然进化，没有技术出现，动物存在的时间窗口大概为15亿年，之前及之后都是微生物的世界。通过对行星进行红外光谱遥感测量便可发现，金星、火星上的大气，主要成分为CO_2，而地球上的除了CO_2，还有O_3等（图1-12）。O_2在高层大气中被紫外线分解形成O_3，也是有氧的标志。有氧就有光合作用，进而就有生物驱动的物质循环。假如有外星人观察我们，地球大气的组成就已经告诉他们，地球上是有生命的。

生命在行星的演化需要一个稳定的环境，即必须相对温和的环境。地球最极端的一个演化例子发生在新元古的末期，发生了两次“雪球”事件，分别在6.6亿年

图1-12　行星大气成分的红外光谱特征

注：金星和火星的大气的主要成分为CO_2，为无机分子；地球大气中有O_3，它来自O_2，而O_2来自产氧光合作用，是地球生物存在的大气信号。

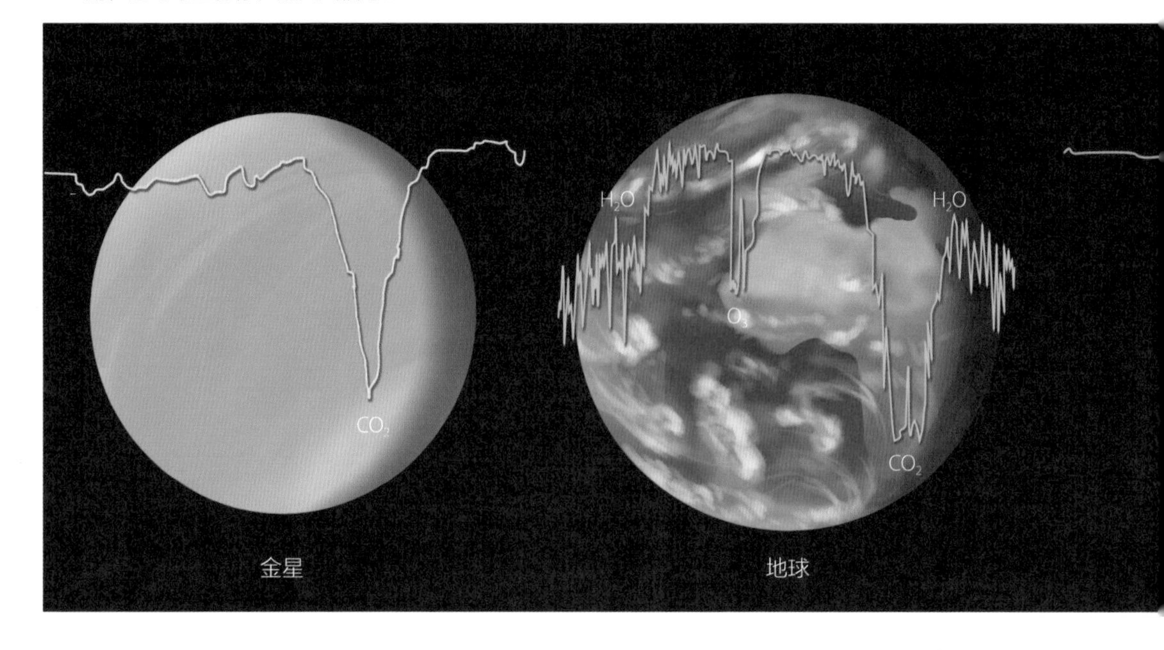

前和 7.16 亿年前。那时，地球表面完全被冰雪覆盖，依赖于地球这个生态系统的自我调节功能，逐渐恢复。这是地球和其他行星最大的差别之一。行星环境若要孕育生命，地球温度在 40 亿年中的变化幅度为 70℃左右，相对稳定、温和的环境允许生命缓慢地演化（图 1-13）。虽然金星、火星的环境也很稳定，但它们的温度、大气等不满足孕育生命的条件。

科学家从分子演化的角度分析，发现地球生命的演化是从无机分子到有机分子，再到生物分子的过程；也就是从无机化学到有机化学，再到生物化学的过程。虽然地球生命最早出现的时间远到无法追溯，但是光合作用的出现绝对是一个“里程碑”。因为光合作用可以产生 O_2，O_2 能氧化糖类等有机物，进而高效地产

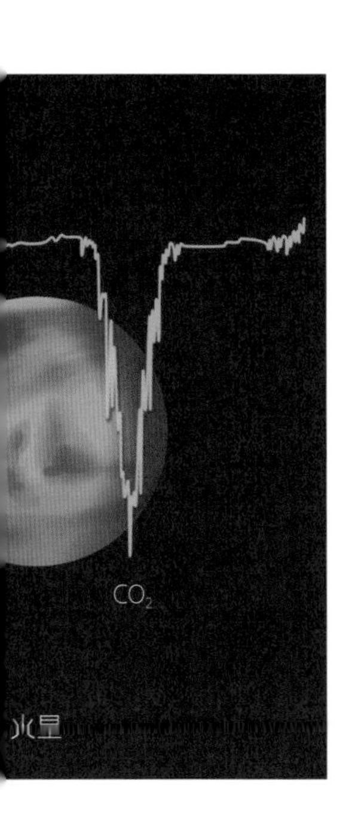

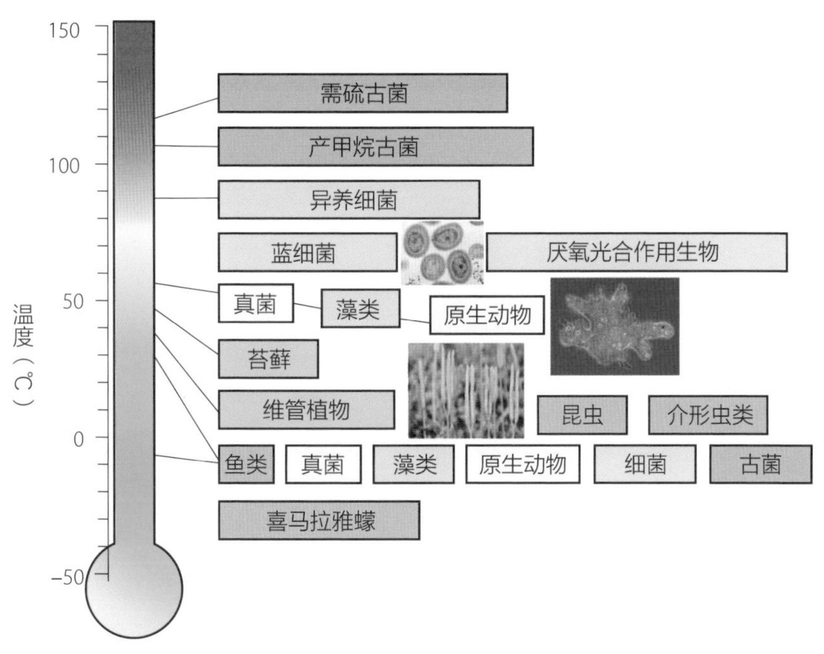

图 1-13 几种生物能在地球上生存所需的温度

注：地球生命可以存在的温度范围为 −25~125℃。

生能量，是微生物发酵产能的 20 倍以上。因此，地球上出现 O_2 是多细胞生物、动物出现的重要前提之一。

距今约 5.4 亿年，地球上出现了有骨骼的生物，称为寒武纪生命大暴发，但出现的原因未知。寒武纪生命是现在地球上所有动物的祖先（图 1-14），虽然很多都已经灭绝，但化石留存了下来。例如，云南省澄江县发现了大量的寒武纪古生物的化石。一些古生物是非常奇妙的，如有五只眼睛。我们需要研究这些性状的生物学意义：或许是演化的缺陷最终导致物种的灭绝。大部分微生物没有表面结构，而动物具有如四肢、眼睛、鼻子等复杂的表面结构且具有功能。这便是所谓的动物肢体复杂结构计划，例如，人类有大脑、脸、四肢，不同的器官具有不同的功能，可以进行多种活动。

笔者曾经以来自 37 亿年前的格陵兰岛的样品为材料，分析这一时期地球上是

图 1-14　寒武纪生命大暴发时期，出现的部分动物的祖先示意

注：寒武纪生命大暴发时期，在地质时间尺度上，很短的时间内，出现了现在所有动物的祖先。

否已经存在生命，但未从中找到确凿的证据。值得注意的是，科学家在距今 27 亿～340 万年的矿物沉积中发现了磷。生物死亡后会使磷沉积，经过历史长河形成现在的含磷矿物。这是生命演化过程中，一个重要的、可观察的地质记录。磷在生命演化中可作为生物学标签被记录，关于磷的相关研究能够给出生命演化的记录和特征（图 1–15）。

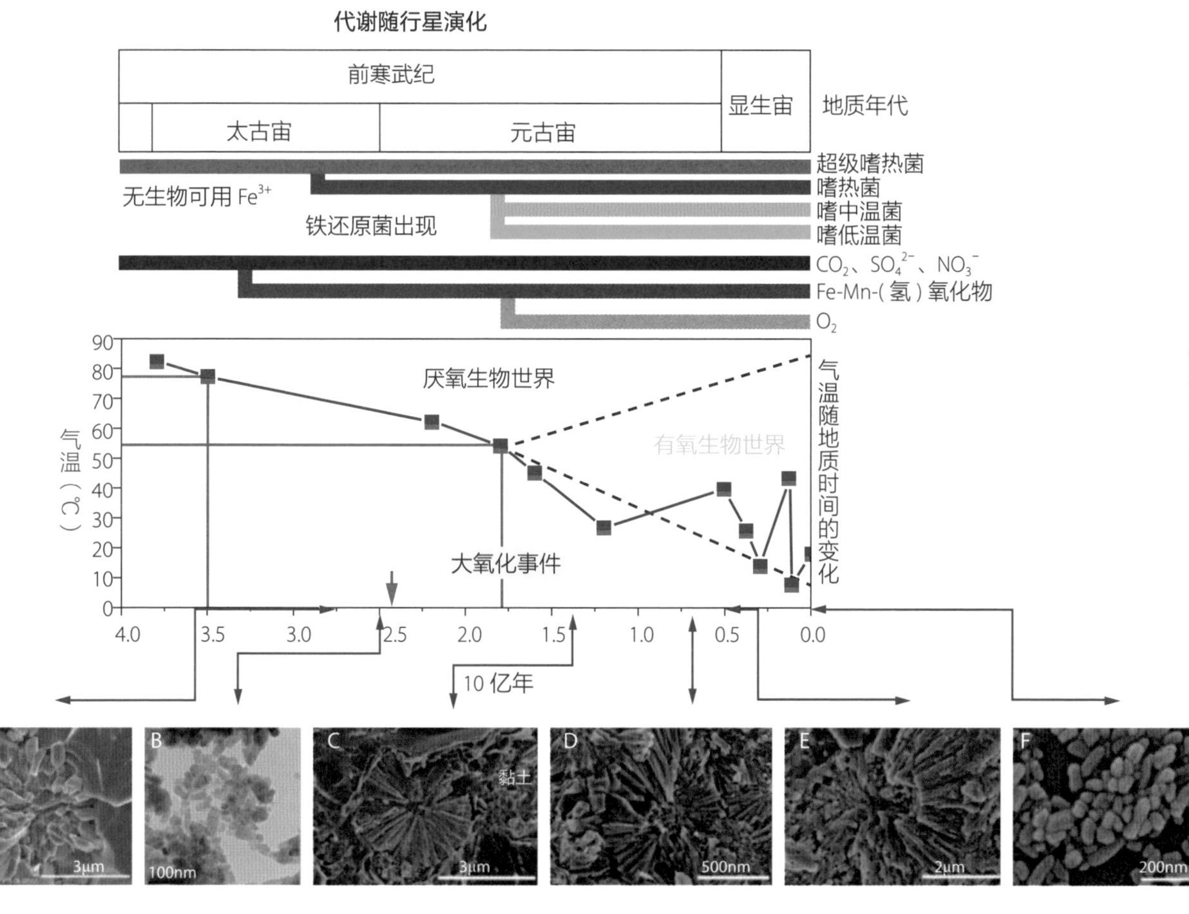

图 1–15　生命演化的矿石记录

注：以磷酸盐的沉积为例，生物沉积磷酸盐在 27 亿年前就发生了（A 和 B）；在新元古时期动物起源的早期常见（C~E）；最近的记录在青藏高原北部的格尔木市往南的昆仑山口（F）。

五、地球深部生物圈

地球表面的环境不适合生命生存时，会导致表面生物圈的部分生物灭绝，但地表以下深层次的生物圈却不然。在海洋沉积物下方 1km，大陆地表下方 2.8km，南极冰盖下方 3km，我们都看到了生命的存在。我们有一份 24.6 亿年前的、条带状的岩石样品，称为条带状硅铁建造（图 1-16A）。其中，黑色条带是磁铁矿，栖热厌氧杆菌属微生物可以产生这种磁铁矿。

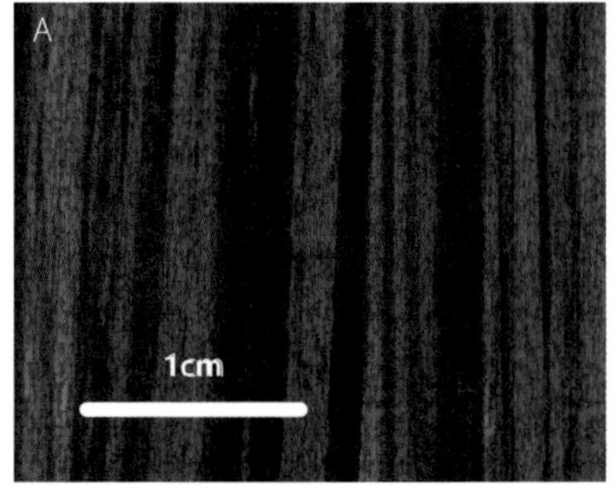

图 1-16　24.6 亿年前沉积于南非的条带状硅铁建造（A）和本实验室中微生物合成的磁铁矿（B）

注：A 图中的黑色条带为磁铁矿。

将 24.6 亿年前微生物产生磁铁矿的习性和特征与现在的微生物进行对比，发现此类磁铁矿是生物成因（图 1-16B），侧面证明了，24.6 亿年前是存在生物的。这是一种简单的比较,还需要更深层次的研究来证实。

2000 年，在二叠纪萨拉多河形成的盐晶体中，弗里兰（Vreeland）发现了沉睡了约 2.5 亿年的微生物，极大地延长了微生物存活的最大年龄。也就是说，这些微生物是可以进行长时间的太空旅行并存活的。我们可以用宇宙飞船将微生物送到附近的行星上，这就是生物的时间胶囊。澳大利亚西海岸的鲨鱼湾（Shark Bay）存在大量记录行星生命的叠层石（Stromatolites，图1-17A），主要是在距今31亿~21亿年形成的。中国也有非常多的叠层石，但其历史较短，主要是在距今16亿~15亿年形成的。图1-17B展现了加拿大大奴湖的叠层石化石，纹路是微生物生长—堆积过程中形成的结构记录。研究叠层石化石是研究古生物的一部分，通过研究不同时期叠层石中的各种无机分子和有机分子，可以探索当时的微生物世界，并为发现其他天体生命提供参考。火星和地球具有相似的地质结构和地质状况。通过大量的地球地质和生命的研究，我们可以推断火星是否存在适宜生命存在的条件。目前，国际上有大量探索火星的项目正在如火如荼地开展，拟从火星上取回样本进行研究。2020年7月中下旬到8月上旬是火星探测器发射的时间窗口，中国、美国和阿拉伯联合酋长国等都发射了飞往火星的探测器，包括火星轨道绕行和着陆火星采样等任务。其中，中国的“祝融号”火星漫游车已

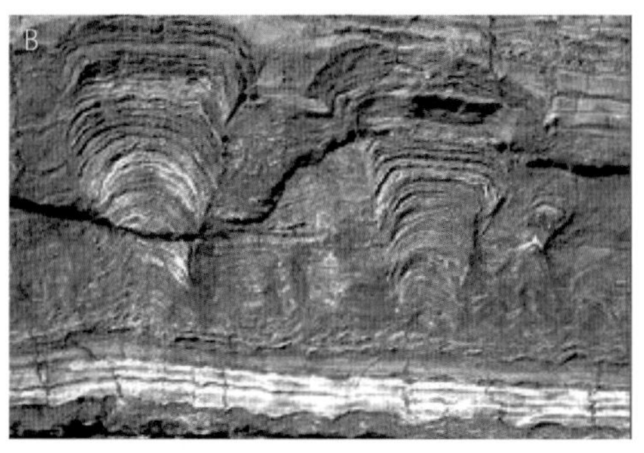

图1-17　澳大利亚西海岸鲨鱼湾的现代叠层石（A）和加拿大大奴湖的叠层石化石（B）

经于 2021 年 5 月顺利着陆火星，美国的“毅力号”和阿拉伯联合酋长国的“希望号”火星探测器于 2021 年 2 月执行火星巡视探测任务，正在进行它们的火星探索。

科学家普遍认为，微生物在宇宙空间是普遍存在的，但生命的存在又具有诸多物理的、化学的和行星环境方面的限制。根据对地球生命的研究和理解，科学家发现生命存在的必要条件：能源、各种元素、液态水，拥有固体的表面，行星不能靠近星系的中心，没有死亡射线，恒星应有足够的重金属供行星形成，受陨石撞击率低及适宜和稳定的温度。最终，科学家将地球生命的演化地质条件、化学条件等综合起来形成模型，用来探索宇宙中哪些环境可能产生生命，有没有智慧生命的存在。

问：虽然微生物可通过休眠的方式被送到地外行星，但人类还不能通过休眠去往其他的行星。因此，它对人类的星际移民有什么重要的意义呢？

答：虽然我们现在还不能直接根据微生物的休眠状况对人体进行改造，无法像微生物一样进行星际旅行，但是从另一个角度来讲，微生物的休眠状态可以保存上百万年甚至上亿年。早期生命是否通过陨石、彗星被送至地球，在地球上重新开始繁衍和生长的呢？这完全是有可能的，从这方面来讲，研究微生物休眠是非常有意义的。

问：地球经历过两次“雪球事件”，均能依靠自己的调节能力来恢复。目前，地球的环境和气候正在发生变化，地球能否依靠活跃的自身调节来恢复和改善环境？

答：我认为这是完全有可能的。现在，地球表面是一个生态系统和地质过程相互耦合、相互调节的复杂系统。这个系统的意义就是自我修复。地球在最近5亿年发生了多次全球温度下降、形成低纬度冰川的事件，但都随着时间的推进，生态系统得以恢复，生命得以演化。因此，地球的生态系统和地质过程是可以对自身环境进行调节和恢复的。

问：位于柴达木盆地的火星研究基地是怎么开展科学研究的，为什么选那里？

答：2019年，我们和其他科研单位一起前往该地。也确实需要实地考察，才能真正感受到它给研究领域带来的启发和可能性。我们考察的地点是青海省西北部、柴达木盆地西缘的茫崖镇，可以乘坐火车从格尔木到达，交通和住宿均较为方便。它是地球上最干燥的地方之一，降雨非常少（年降水量低于15mm），在其地表就形成了如氯化钠、石膏等晶体结构，生存的微生物也非常稀少。这也是我们考察的内容。石膏、盐晶体含有微生物及其代谢物分子等的包裹体。它能保存多长时间是我们非常关注的问题。

问：柴达木盆地是模拟火星环境的重要地点，世界上还有其他这样的地点或者基地吗？

答：智利的阿塔卡玛沙漠与柴达木盆地的环境相似，但其地势崎岖不平，被称为地球上的干极，将近400年没下过雨，极其干燥。该地区是美国NASA的火星探测工程的模拟环境，主要对火星探索的资源、环境等条件进行工程和科学模拟。若我们有机会，可以考虑制作机器人穿越荒漠。这相当于模拟火星车探测试验，让火星车自己面对和解决各种问题，开展相关科学实验，为我国的火星车在火星上安全有效地开展工作提供科学和工程方面的数据支撑。

参考文献

[1] Baross J A, Hoffman S E. Submarine hydrothermal vents and associated gradient environments as sites for the origin and evolution of life[J]. Origin of Life and the Evolution of Biospheres, 1985, 15: 327–345.

[2] Des Marais D J, NuthIII J A, Allamandola L J, et al. The NASA astrobiology roadmap[J]. Astrobiology, 2008, 8: 715–730.

[3] Djokic T, vanKranendonk M J, Campbell K A, et al. Earliest signs of life on land preserved in ca. 3.5 Ga hot spring deposits[J]. Nat. Commun., 2017, 8: 152–163.

[4] Gerda H, Nicolas Wr, Frances W, et al. AstRoMap European astrobiology roadmap[J]. Astrobiology, 2016, 16(3): 201–243.

[5] Hays L, Archenbach L, Bailey J, et al. NASA Astrobiology Strategy[M]. Washington DC: NASA, 2015.

[6] Liu S V, Zhou J Z, Zhang C L, et al. Thermophilic Fe(III)-reducing bacteria from the deep subsurface: the evolutionary implications[J]. Science,1997, 277: 1106–1109.

[7] Rothschild R L, Mancinelli R L. Life in extreme environments[J]. Nature, 2021, 409(6823): 1092–1101.

[8] Space Sciences Board, National Academies of Sciences, Engineering and Medicine. An Astrobiology Strategy for the Search for Life in the Universe[M]. Washington DC: National Academies Press, 2019.

[9] Washington J. The possible role of volcanic aquifers in prebiologic genesis of organic compounds and RNA[J]. Orig. Life Evol. Biosph., 2000, 30: 53–79.

[10] Ward P D, Brownlee D. Rare Earth: Why Complex Life is Uncommon in the Universe[M]. New York: Springer, 2000: 338.

[11] 林巍，李一良，王高鸿，等. 天体生物学研究进展和发展趋势[J]. 科学通报，2020，65(5): 380–391.

[12] 商澎，呼延霆，杨周岐，等. 中国空间生命科学的关键科学问题和发展方向 [J]. 中国科学: 技术科学，2015，8(45): 796–808.

地外星球是否存在生命是一个神秘而有趣的问题。『天问一号』火星探测器的成功发射象征着我国开启了火星探索之旅。那么，什么可以象征火星上有生命的存在呢？地球生命遗传物质的重要组成元素——磷广泛存在于火星土壤中。磷会是火星生命探索的标志物吗？本章将会为你揭开谜底。

第二章

磷与火星生命探索

赵玉芬　天体化学与空间生命—钱学森空间科学协同研究中心、宁波大学新药技术研究院

一、火星上是否存在生命

2019年，诺贝尔物理学奖授予吉姆·皮布尔斯（James Peebles）、米歇尔·麦耶（Michel Mayor）和迪迪埃·奎洛兹（Didier Queloz），以表彰他们在宇宙物理学和太阳系外行星领域做出的贡献。目前，科学家在银河系中已经发现了约5011颗系外行星。系外行星的发现改变了人们对地球在宇宙中地位的认识。这些行星中有类似地球的岩石行星，那么地球在宇宙中是独一无二的吗？其他行星中是否存在生命呢？

火星，离太阳第四近的行星，是太阳系中四颗类地行星之一（图2-1）。据中国古籍中记载，火星被古人称为“荧惑”，意为不详之星；而西方则将火星视为古罗马战神，被称为“红色星球”。科学家发现，火星是太阳系中与地球最为相似的星球。首先，火星所处的轨道接近太阳系的宜居地带，尽管现在的火星是一个干燥、寒冷、贫瘠的星球，却可能在以前或现在孕育着生命；其次，火星的地表环境遍布砾石，北部是平原，南部则是布满陨石坑的高地，其地貌特征与地球极为相似；再者，目前的研究发现火星上存在少量的水，而且在火星盖尔陨石坑内发现了富含矿物盐的沉积物；最后，火星大气层中存在甲烷，构成甲烷的碳、氢元素正是组成地球生命物质的基本元素。

从20世纪中期开始，人类便开始了对火星的空间探测。其中一个重要课题就是火星上是否存在生命——火星上具备了生命存在相关基本条件，火星上是否存在生命还需要人类的探索。

图 2-1　2007 年，“罗塞塔号”彗星探测器拍摄的火星影像

二、磷是组成遗传物质不可替代的基本元素

生命由核酸、蛋白质等物质组成，其遗传信息的传递遵循遗传学中心法则（图2-2）：遗传信息储存于遗传物质DNA中，DNA进行自我复制将遗传信息传递给子代DNA，经转录过程将遗传信息传递给RNA；RNA在核糖体中经翻译过程合成生命活动的主要承担者——蛋白质，即将遗传信息传递给了蛋白质，进而执行生命功能。

磷酸二酯键是构成核酸（DNA 和 RNA）的基本骨架（图 2-3），磷在核酸中的含量约为 9%。DNA 作为遗传物质，必须具备足够的稳定性，才能永久地储存、传递生命信息，而磷在维持 DNA 稳定性方面起到关键性作用。

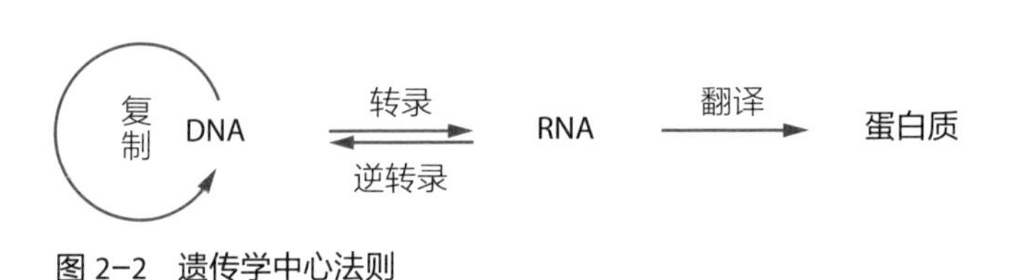

图 2-2　遗传学中心法则

图 2-3　单链 DNA（A）与单链 RNA（B）结构示意

据研究表明，DNA 的半衰期为 10^5 年，当硫替代磷酸二酯键的中心元素磷时，DNA 的半衰期约为 1.7h；硅或砷替代磷时，DNA 的半衰期则仅有 1~2min；当矾替代磷时，DNA 变得极其不稳定，几乎立即水解（表 2-1）。另外，磷酸二酯键及其负电荷性质保护了 DNA 不被水解，并且使 DNA 无法穿过磷脂细胞膜而保留于细胞内。由此可见，磷在维持 DNA 稳定性方面发挥着至关重要的作用。这也正是自然界中的生命选择磷的原因。因此，遗传物质 DNA 中的磷是不可替代的。

磷是 DNA 不可或缺的基本元素，是生命活动所必需的基本元素，是生命的象征。近代核酸化学的前驱亚历山大·罗伯兹·托德[①]（Alexander Robertus Todd）曾说过："哪里有生命，哪里就有磷酸盐。"因此，要对地外星球生命进行探索，就需要首先探究该星球上是否存在磷。

表 2-1　由不同中心元素构成的 DNA 的半衰期

元素	磷	硅	矾	砷	硫
半衰期	10^5 年	<1min	<1min	<2min	约 1.7h

① 亚历山大·罗伯兹·托德（1907 年 10 月 2 日—1997 年 1 月 10 日），英国皇家学会会长、化学家、男爵。他被称为近代核酸化学的前驱，主要研究方向是核苷和核苷酸，主要成就是弄清楚了核苷酸的结构和组成，首先合成了人体内几种重要的核苷酸单位，也为核酸"双螺旋"结构的确定打下了良好的基础，因而荣获 1957 年诺贝尔化学奖。

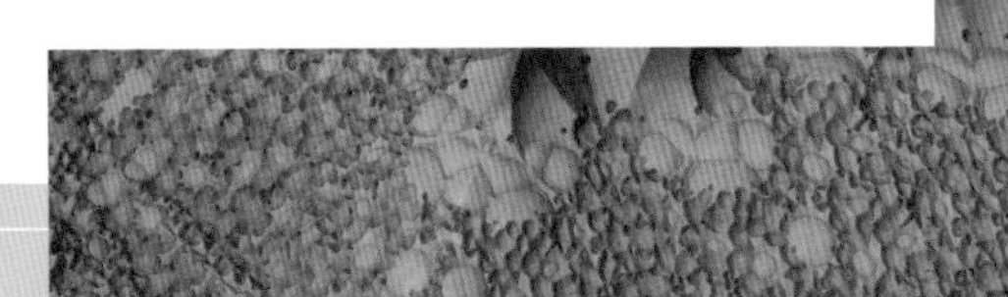

三、地球上最古老的蛋白质是 ATP 结合蛋白

在地质时间尺度上，地球海洋中元素丰度的变化与演化过程密切相关。在地球早期海洋中，金属 Fe、Co、Mn、Ni 的含量较高（图 2-4）。

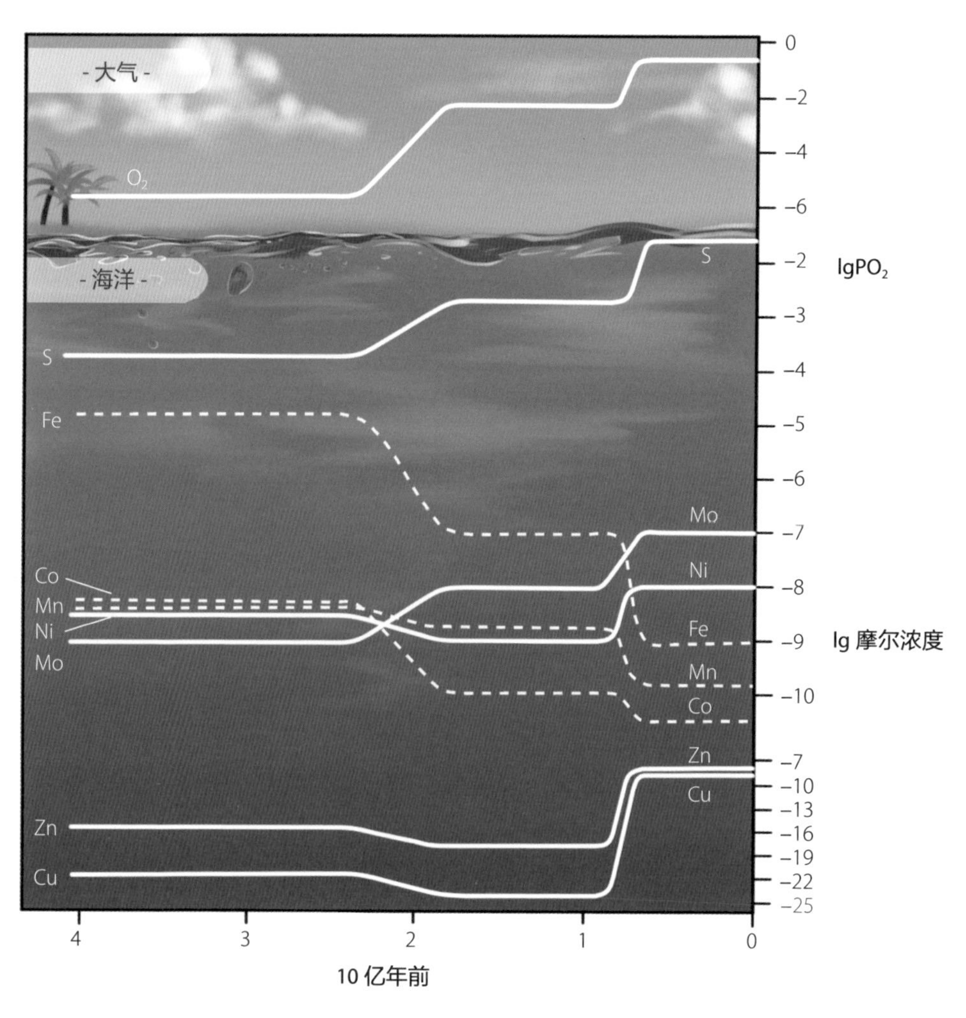

图 2-4　地球早期海洋中金属、O_2 含量与时间的关系

在早期海洋较高丰度的金属中，Ni^{2+} 催化三偏磷酸（three phosphate，P_3m）与腺苷形成三磷酸腺苷（adenosine triphosphate，ATP）的转化率最高（图 2-5）。由此说明，ATP 可以由海洋中的金属催化产生，早期地球的 ATP 可能源于海洋。

地球上最古老的蛋白质是 ATP 结合蛋白，产生于 37 亿年前。研究表明，从随机肽库中选择出来的 ATP 结合蛋白表现出 ATP 水解活性；地球上最古老的代谢酶是 ATP 磷酸水解酶，它具有结合 ATP 的结构，且与核苷酸代谢有关。这说明，最早的原始酶具有水解 ATP 的功能。因此，最古老蛋白质的出现可能是 ATP 选择的结果，ATP 可以诱导 ATP 结合蛋白的产生。

最古老蛋白质先于 O_2 存在。生物体的生命活动都需要 ATP 的参与。例如，生命体每天可以产生并消耗与自身体重相当的 ATP 量，ATP 结合盒转运体（ATP-binding Cassette Transporter，ABC 转运体）是一类 ATP 结合蛋白。它利用 ATP 水解释放的能量执行转运细胞内外物质的功能，保证细胞营养物质的充足与代谢产物的及时清除。此外，ABC 转运体的功能障碍与某些疾病的发生密切相关，如阿尔茨海默病、谷固醇血症等。可见，ATP 结合蛋白可能在原始细胞的出现以及维持正常细胞活动方面具有重要作用。

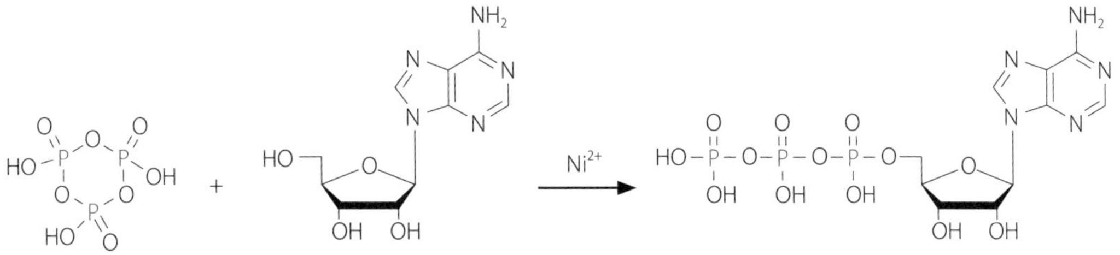

图 2-5　Ni^{2+} 催化三偏磷酸与腺苷形成 ATP 示意

四、我国丰富的磷矿资源

我国的磷矿形成于距今 6.5 亿 ~5.5 亿年的震旦纪晚期及寒武纪成矿年代。当时，我国长江流域为扬子古海，四川、陕西、贵州、云南、湖北等省还是一片汪洋大海，气候温和、阳光充足的浅海繁殖有大量的藻类。扬子古海的磷矿源于海洋中的生物遗骸，蓝绿藻用了 1 亿年，在海洋中沉积了超过 105×10^{11}t 的胶磷矿（平均每年约沉积 100t），占我国磷矿资源总量的 75%。正因为磷矿来源于生物遗骸，科学家才判定磷可以作为判断有生命的依据。

五、火星上磷的探测

对火星上生命的探索，除了寻找水的存在，磷是另外一个重要的关注点。2013年，“勇气号”火星漫游车（图2-6）利用光谱仪检测出火星上富含磷，含量是地球上的5~10倍。可用于生物反应的磷酸盐可以通过在水一岩相互作用中溶解初级磷酸盐矿物，被引入水环境。在火星水一岩相互作用中，磷酸盐释放的速度是地球上的45倍；早期火星上的潮湿环境中磷酸盐的浓度可能是早期地球上的2倍。这说明，在火星早期水环境中富含磷酸盐，溶解的磷酸盐可能也是生物分子出现的基础。

我们不禁试问：“火星上丰富的磷是否来自生命？”磷作为生命遗传物质必需的基本元素，可以作为探索生命存在的指标吗？

图 2-6　“勇气号”火星漫游车

六、火星上的磷不同于地球

火星上过去与现在的环境可能相似，磷酸盐的化学属性使其成为陆地生命出现的必要条件。如果火星上有生命，那么磷酸盐的可利用性可能扮演了关键的角色。尽管火星上富含磷，但并不表示这些磷酸盐是可以被利用的。磷酸盐在地球或火星的条件下，没有显著的挥发相。在岩石—水相互作用过程中，成岩中的初级磷酸盐矿物被溶蚀为生物可利用的磷酸盐（图 2–7）。前生源反应的磷可利用性被认为是非常关键的。磷矿物的低溶解度导致前生源地球水环境中只有低浓度的磷，以致磷转化为有机物的反应性很低。这些即是生命起源的障碍，或称为“磷酸盐问题”。

在地球上磷矿石的主要组成是氟磷灰石 [$Ca_5(PO_4)_3F$]，而氟离子对生物体是有毒的。例如，炼磷矿过程中需将氟离子去除，不含氟离子的磷肥才可用于促进农作物的生长。在火星上，磷矿石的主要组成是氯磷灰石 [$Ca_5(PO_4)_3Cl$]。氯离子是与生命体共存的，是生物体可以利用的基本元素。通过对两种矿石的溶解速率与溶解度的比较分析，发现氯磷灰石释放磷的速率高于氟磷灰石，所以火星的主要原生磷酸盐矿物的溶解速度更快。其地壳中磷酸盐矿物浓度更高，所以火星上的磷酸盐矿物溶液中磷酸盐的最终浓度更高。因此，火星上的磷酸盐具有比地球上更好的生物利用度。

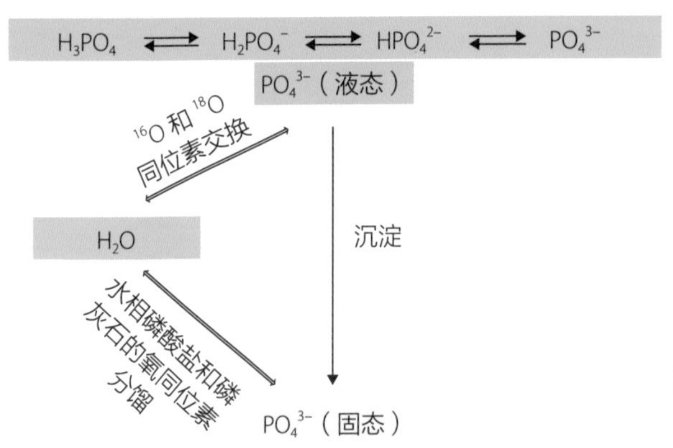

图 2–7 PO_4^{3-}（液态）–PO_4^{3-}（固态）–H_2O 体系中的氧同位素分馏示意

七、磷酸盐是生命探索的标志物

氧存在3种稳定同位素，即^{16}O、^{17}O和^{18}O。3种同位素在地球圈中的相对丰度分别为99.759%、0.037%和0.204%。氧同位素$\delta^{18}O$值的表示方法：$\delta^{18}O=(R_{样品}/R_{标准品}-1)\times1000$。其中，$R_{样品}$为样品中$\delta^{18}O/\delta^{16}O$的比值；$R_{标准品}$为标准物$\delta^{18}O/\delta^{16}O$的比值［$(2005\pm0.45)\times10^{-6}$］，标准物为维也纳标准大洋水（Vienna Standard Mean Ocean Water，VSMOW）。因此，不同来源的磷酸盐具有明显不同的氧同位素组成，即$\delta^{18}O_P$值不同。如果$\delta^{18}O_P$值高，说明该样品曾被生物利用，即存在生命；反之，未被生物利用的样品的$\delta^{18}O_P$值低。

磷酸根（PO_4^{3-}）中的氧原子^{16}O对非生物过程的同位素交换具有很强的抵抗力，即在没有生物或酶参与的情况下，PO_4^{3-}与其他物质发生氧同位素交换的速率非常缓慢。研究表明，动物骨骼的$\delta^{18}O_P$值变化范围不同，如哺乳动物为20‰~22‰，鱼类为6‰~25‰；而非生物样品$\delta^{18}O_P$值仍有差异，如花岗石为6‰~13‰，变质岩为0.2‰~13‰（表2–2）。这些数据表明，生物样本的$\delta^{18}O_P$值偏高，而非生物样本的$\delta^{18}O_P$值偏低。由此说明，生物参与的过程存在快速的

表2–2　不同样品中的$\delta^{18}O_P$值

样　品	$\delta^{18}O_P$（‰）
花岗岩	6~13
变质岩	0.2~13
绿岩石	9~19
陨　石	2.8~6
鱼骨骼	6~25
龟骨骼	16~23
哺乳动物骨骼	20~22
牙　齿	18~20

同位素交换，而非生物过程的氧同位素分馏则非常缓慢。生物参与的氧同位素交换明显快于非生物过程，且生物几乎参与了磷循环的每个过程。因此，磷酸盐的 $\delta^{18}O_P$ 值为生命的存在提供了重要生物特征。

若能知道宇宙中磷酸盐的 $\delta^{18}O_P$ 原始值，将样品的 $\delta^{18}O_P$ 值与之进行比较，便可知道所测样品的磷酸盐是否曾经被生物体所利用，即可说明宇宙中是否存在生命。因此，磷酸盐的 $\delta^{18}O_P$ 可以作为判断生命是否存在的表征值，可以作为生命探索的标志物。如果人类要对火星生命进行探索，可以通过测定火星上磷矿石的 $\delta^{18}O_P$ 值予以说明。

参考文献

[1] Anbar A D. Oceans. Elements and evolution[J]. Science, 2008, 322 (5907): 1481–1483.

[2] Adcock C T, Hausrath E M, Forster P M. Readily available phosphate from minerals in early aqueous environments on Mars[J]. Nature Geoscience, 2013 (6): 824–827.

[3] Cheng C, Fan C, Wan R, et al. Phosphorylation of adenosine with trimetaphosphate under simulated prebiotic conditions[J]. Orig. Life Evol. Biosph., 2002, 32 (3): 219–224.

[4] Ji H F, Kong D X, Shen L, et al. Distribution patterns of small-molecule ligands in the protein universe and implications for origin of life and drug discovery[J]. Genome Biol., 2007, 8 (8): R176.

[5] Kim K M, Qin T, Jiang Y Y, et al. Protein domain structure uncovers the origin of aerobic metabolism and the rise of planetary oxygen[J]. Structure, 2012, 20 (1): 67–76.

[6] Lecuyer C, Grandjean P, Sheppard S M F. Oxygen isotope exchange between dissolved phosphate and water at temperatures ≤135℃: inorganic versus biological fractionations[J]. Geochimica et Cosmochimica Acta, 1999 (63): 855–862.

[7] Liang Y, Blake R E. Oxygen isotope fractionation between apatite and aqueous-phase phosphate: 20–45℃ [J]. Chemical Geology, 2007 (238): 121–133.

[8] Longinelli A, Nuti S. Oxygen isotope measurements of phosphate from fish teeth and bones[J]. Earth and Planetary Science Letters, 1973 (20): 337–340.

[9] Simmons C R, Stomel J M, McConnell M D, et al. A synthetic protein selected for ligand binding affinity mediates ATP hydrolysis[J]. ACS Chemical Biology, 2009, 4 (8): 649–658.

[10] Schwartz A W. Phosphorus in prebiotic chemistry[J]. Philos. Trans. R. Soc. Lond B. Biol. Sci., 2006, 361 (1474): 1743–1749, discussion 1749.

[11] Tokuriki N, Tawfik D S. Protein dynamism and evolvability[J]. Science, 2009, 324 (5924): 203–207.

[12] Tornroth HS, Neutze R. Opening and closing the metabolite gate[J]. Proceedings of the National Academy of Sciences of the United States of America, 2008, 105 (50): 19565–19566.

[13] Tarling E J, de Aguiar V T Q, Edwards P A. Role of ABC transporters in lipid transport and human disease[J]. Trends Endocrinol. Metab., 2013, 24 (7): 342–350.

[14] Westheimer F H. Why nature chose phosphates[J]. Science, 1987, 235 (4793): 1173–1178.

火星与地球同处于太阳系的宜居带，是与地球相对距离比较近的行星之一，拥有与地球相似的环境因素，被认为是未来人类最有可能移居的行星。但是现在的火星非常不适合人类居住，需要对火星进行生态系统改造：一是利用火星上现有的物质进行化学反应产生温室效应，提高火星表面温度；二是引进有助于改造火星生态环境的抗辐射耐寒微生物。

第三章

火星探索及太空科技发展

陈宇综

宁波大学新药技术研究院、天体化学与空间生命—钱学森空间科学协同研究中心

一、火星概况

1. 为什么我们选择探索火星

火星与地球同处于太阳系的宜居带，是与地球相对距离比较近的行星之一，拥有与地球相似的环境因素，被认为是未来人类最有可能移居的行星。和地球一样，火星也有公转和自转。火星上的一年大约等于 687 个地球日。也就是说，火星上一年相当于地球上的 23 个月。火星目前的自转轴倾角为 25.19°，与地球的倾斜角度（23.44°）非常接近。一个火星日大约是 24h37min（恒星日），与地球有着几乎相同的昼夜轮替时间。因此，火星和地球一样也有四季更迭。

火星的“个头”较小，直径约为地球的 1/2，质量约为地球的 1/10。火星表面的平均温度为 –63℃，温差大。火星温差大是探索火星的难题之一。除此之外，火星的地表辐射强度极强。

和地球一样，火星周围也笼罩着大气层。不过火星大气比地球大气稀薄近 100 倍。火星大气层的主要成分是 CO_2（占 95.3%）、N_2（占 2.7%）、氩气（占 1.6%）、O_2（占 0.13%）、水蒸气（占 0.03%）、甲烷（浓度为 10.5μg/L）。令人惊奇的是，火星的大气中含有甲烷。这引发了科学家的思考，甲烷是否由火星上的生物产生的呢？更有趣的是，火星的重力约等于 0.38g，在火星上跑跳或者提重物，只需要花费地球上约 38% 的力气。

此外，火星一直以来被认为有水存在，甚至在火星表面似乎发现了液态水流过的痕迹。也有证据表明，大量的水冰存在于极地的冰盖中。由各种证据可以推测，火星上可能存在过生命。那么，火星的今天有没有可能就是地球的明天？这些都是科学家想要通过相关探测去解答的问题。

目前已知的火星环境还远不能满足人类基本的生存需求，如火星的大气太稀薄、

O_2 含量太低、昼夜温差太大……如果火星具备人类生存的环境，那么从地球到火星上生活，人类并不会感觉到太多的不适应。这深深地吸引着科学家去开启人类改造火星、移居火星的探索之路。

2. 火星的历史

虽然现在火星的环境非常不适合人类居住，但是火星上的蜿蜒河谷和干燥湖床表明，远古的火星曾经拥有地面水和大气，甚至可能还有生命，尤其是微生物。在远古同时代，地球当时还是古菌世界，所以存在一定的相似性。现在的火星，大气稀薄，是寒冷干燥的“无生命”世界，那当时的水、大气还有微生物都跑到哪里去了呢？一种理论认为，火星更靠近太阳系的碎石带，所以火星比地球更容易受到陨石的撞击（图 3-1），导致火星大气成分的改变，火星上的水气都逃逸掉了。还有

图 3-1　陨石撞击

一种理论认为火星跟地球一样拥有很强的磁场，但是后来磁场就消失了（图 3–2），火星上的大气和水就逃逸了。

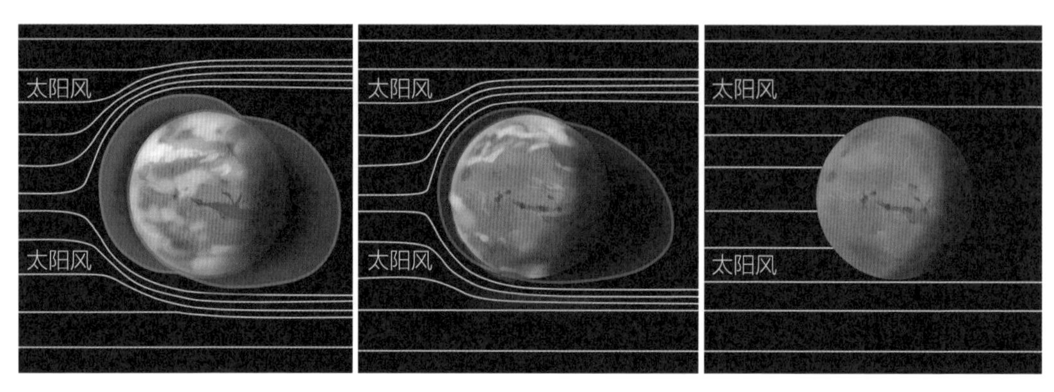

图 3–2　磁场消失

3. 火星的现状

地球是一个海洋覆盖率高达 71% 的星球，整体看上去是蓝色的。与地球不同，这颗太阳系中的红色星球看上去像是一团火。这个红色并不是火焰，而是由于火星土壤富含大量的 FeO，所以土壤呈现橘红色。土壤是由于风和水的侵蚀作用形成的。由此可见，火星曾经存在过大量的水和大气。火星表面有许多沙丘、砾石，没有稳定的液态水，所以它也有沙漠行星的称号。火星上大气稀薄，成分以 CO_2 为主，沙尘悬浮，常出现沙尘暴。火星的两极有水冰和干冰组成的极冠，并且会随着季节变化有所增减。

4. 火星的表面

图 3–3 为一个未知名的火星陨石撞击坑，直径约为 8km，含有许多沟壑。其中一个沟壑的下坡上有明亮的沉积物。因此，科学家猜测有液态水或干燥的物质（沙子）从火山口的侧面流下来。分析表明，不能排除液态水存在的可能，但是现存的证据与干燥的颗粒状流动是一致的。

2008 年探测器传回的新形成的火星陨石坑的数据显示，陨石坑表面有裸露的冰层

（图 3-4）。这些冰层被埋在地下，受到陨石的撞击后才暴露了出来。这进一步为水和 CO_2 埋入地下学说提供了支撑。

图 3-5 为欧洲航天局火星探测器拍摄到的火星北极附近的某陨石坑。这个坑覆盖了火星北半球的大部分纬度。陨石坑中央的明亮圆形斑点就是残留的水冰。这种冰一年四季都会存在。由于火星温差大，冬季温度太低，可将火星大气层中约 30% 的 CO_2 冷凝成干冰，沉淀到冰盖上。这些冰盖会随着季节的变化发生变化。夏季到来后，火星表面温度上升。这些干冰会直接升华成气体，逸入火星大气，在火星北极留下水冰层。

2017 年，欧洲航天局发布了一张火星北极冰盖透视图（图 3-6）。这张透视图是由欧洲航天局探测器火星快车拍摄的。从图中可以看到，火星北极具有独特的螺旋状槽沟，科学家称之为“冰激凌涡流”地形。这张图是由欧洲航天局的火星探测器在 2004—2010 年，历时 6 年，环绕火星轨道 32 圈拍摄到的 32 张单独轨道“条纹”图像构成的。其面积相当于 1 亿 km^2，有地球上格陵兰岛冰盖的一半大。火星北极冰盖的特殊性为人类研究“火星在数十亿年前是如何演变的”提供了可参考的依据。

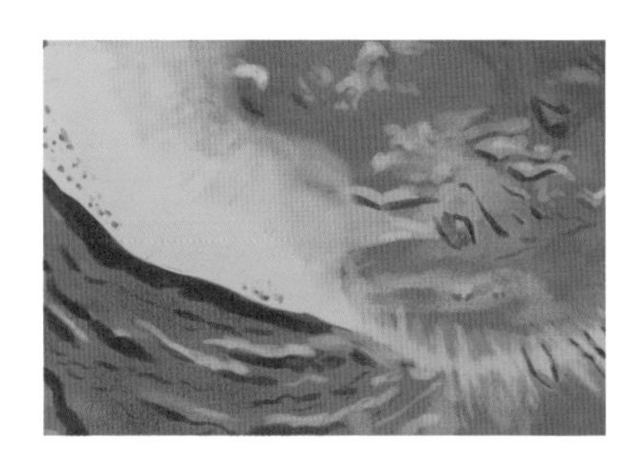

图 3-3　火星陨石坑

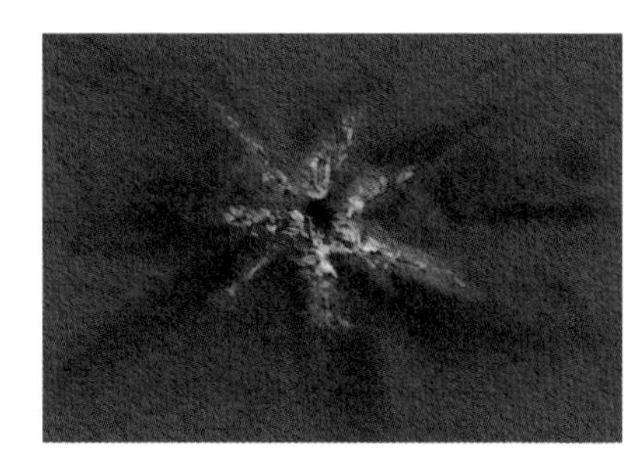

图 3-4　陨石撞击后，地表下面的冰层暴露

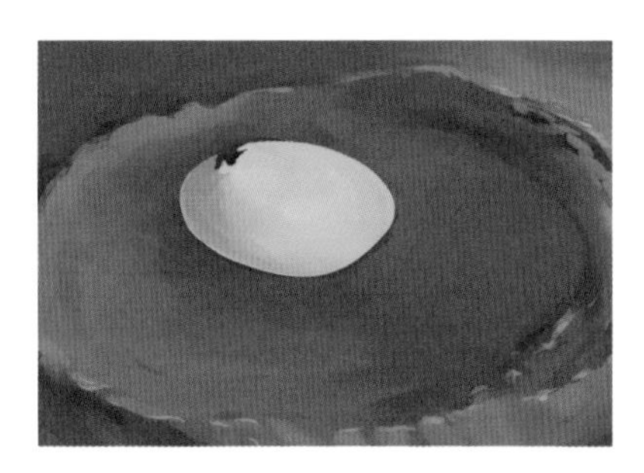

图 3-5　火星北极附近的北极陨石坑

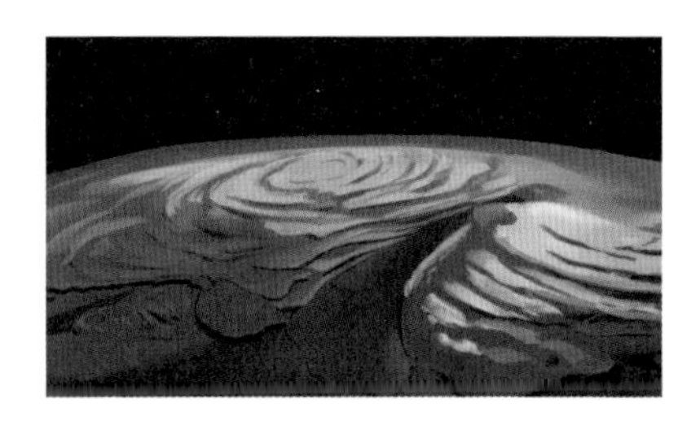

图 3-6　火星北极冰盖透视图

二、火星探索和移居改造

1. 火星探索的进程

起初，人类对火星的探索只局限于天文观测。人类可以通过天文望远镜观察到火星的卫星、火星表面的形态，还有火星大气的变化等。

随着航天技术的进步，人类已经不再满足于通过天文望远镜观察火星了，火星探测器的出现打开了太空探索的新篇章。火星探测器是一种用来探测火星的人造航天器，包括环绕火星的人造卫星、火星表面着陆器、火星漫游车等。1960 年，苏联首次发射了火星“1A 号”无人探测器，震惊了全世界，这是人类探测火星的开端。随后，在 1964 年，美国“水手 4 号”火星探测器成功登陆火星并获得了火星表面图像，人类才开始对火星的表面地貌有了更深的认识。火星漫游车通常被称为火星车，火星车上搭载的主要设备：物质成分探测仪主要用于探测生命元素；导航相机主要用于路径规划与视觉导航；气象站主要用于观测火星表面与大气环境；天线主要用于传输数据与指令。火星车主要有 4 个任务：一是寻找水源，二是探索适合人类居住的地方，三是寻找火星上的生命，四是为人类登陆火星做准备（图 3–7）。

目前，火星上有多个火星探测器仍在运行，并不断地向地球传回数据，分别为 2001 年美国的“奥德赛号”火星探测卫星、2003 年欧洲航天局的“火星快车空间”探测器、2005 年美国 NASA 的“火星勘测轨道”飞行器、2011 年美国的“好奇号”火星漫游车、2013 年美国的“专家号”火星探测器、2013 年印度的“曼加里安号”火星探测器、2016 年欧洲航天局的“火星微量气体”任务卫星和 2018 年美国的“洞察号”火星探测器。2020 年 7 月 20 日，阿联酋发射了“希望号”火星探测器。中国的第一个火星探测器——“天问一号”于 2020 年 7 月 23 日在海南文昌成功发射，之后“祝融号”火星漫游车成功着陆火星表面，这代表着中国的航天事业迈入了新时代。

2020 年 7 月 30 日，美国成功发射了“毅力号”火星探测器。

地球有近日点和远日点，火星也有近地点和远地点。火星的公转周期约为两年，地球公转周期为一年。它们几乎在同一轨道面围绕太阳公转，所以每两年会“相遇”一次。经计算，地球上每隔 26 个月是发射火星探测器的最佳时间。因为在这个时间，火星到达了近地点，太阳、地球和火星位于同一直线上。这时地球和火星之间的距

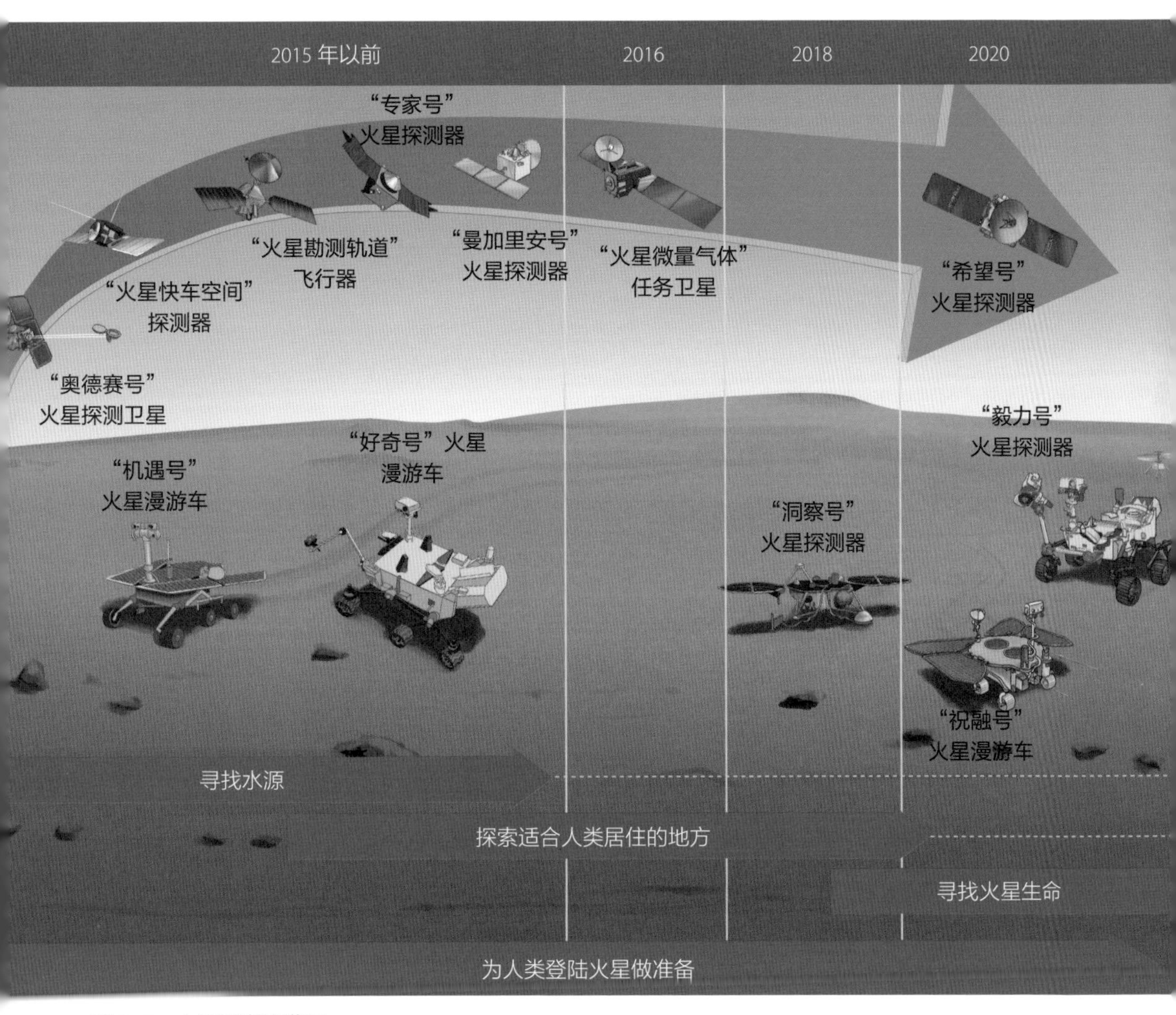

图 3–7　火星探索的进程

离最近，这个天文现象称为“火星冲”。探测器选择在这个“最佳窗口期”发射，不仅降低了太空飞行难度，也节约了运行成本。

我们都知道，火星和地球都围绕着太阳转动，这是一个不断变化的过程。探索火星是一个艰难的历程，在探索过程中需要一个中转站供给探索所需的能源。最适合当中转站的点是天体学中的一个重要的点，叫拉格朗日点。拉格朗日点又称为平动点，是圆形限制性三体问题中存在的5个动力学平衡点的总称。其中包括3个共线平衡点（L_1、L_2和L_3）和两个三角平衡点（L_4和L_5）。例如，两个天体环绕运行，在空间中有5个位置可以放入第三个物体（质量忽略不计），并使其保持在两个天体的对应位置上。在理想状态下，这两个同轨道物体以相同的周期旋转，两个天体的万有引力提供在拉格朗日点需要的向心力，使第三个物体与前两个物体相对静止。图3–8为地—月拉格朗日点，地球和月球之间的拉格朗日点正好是地球高轨道和月球高轨道交汇的那个点——L_1点。在这个点上，地球和月球的引力是平衡的。因此，在这个点上，航天器只需要一点动力能源，就可以围着地球和月球转动。航天器在此位置公转，可节省大量动力能源。除了地—月拉格朗日点，还有日—地拉格朗日点等。不同天体

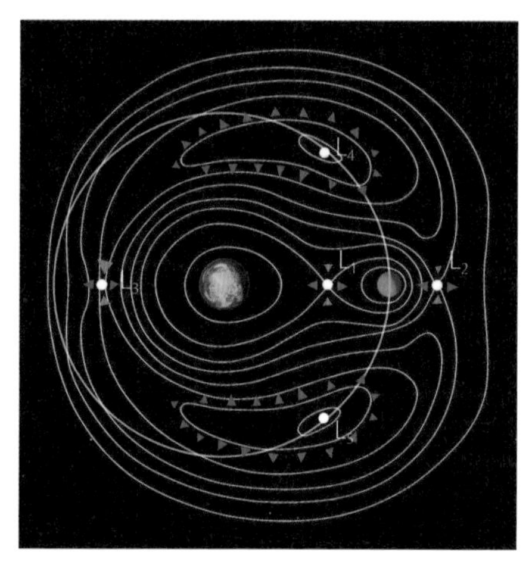

图3–8　地—月拉格朗日点示意

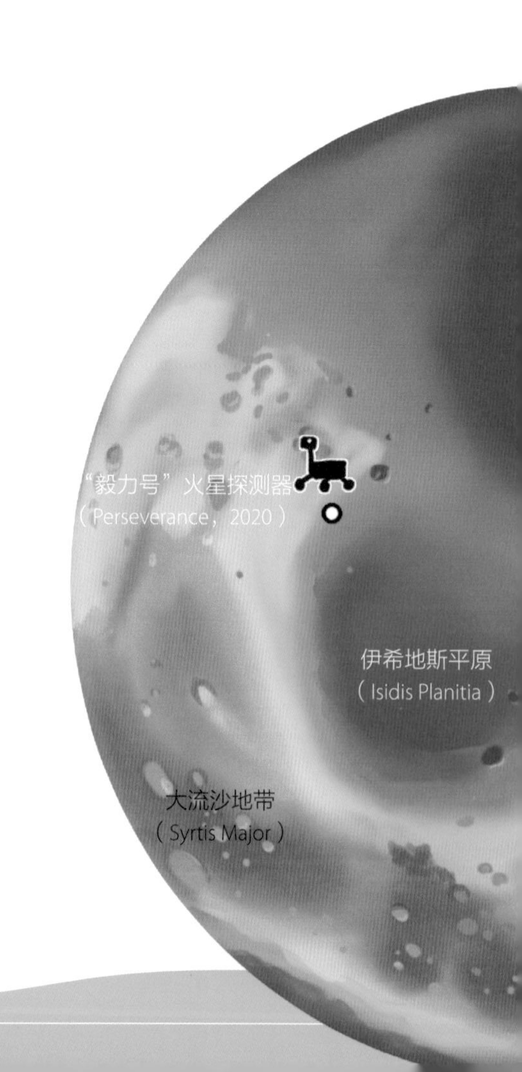

间的拉格朗日点对于空间科学探测有着不同的意义。

“天问一号”火星探测器是中国“天问”系列行星探测任务的“首秀”，天问二字来源于屈原的《天问》，任重而道远。这代表了中华民族对宇宙的向往和对科学真理的不懈追求。“天问一号”火星探测器将完成“环绕、着陆和巡视”这 3 个探测任务。这是中国第一次在火星表面展开探测计划，也是世界上前所未有的。科学家希望能借助“天问一号”火星探测器的探测数据对火星地形地貌特征、浅层地质结构、土壤、大气成分、气候与环境等进行更深入的研究。

2021 年 5 月 15 日，“天问一号”火星探测器成功登陆火星，图 3-9 所标的位置为目前计划着陆点之一。美国 NASA 历年的火星探测器着陆点都在这些点的附近。

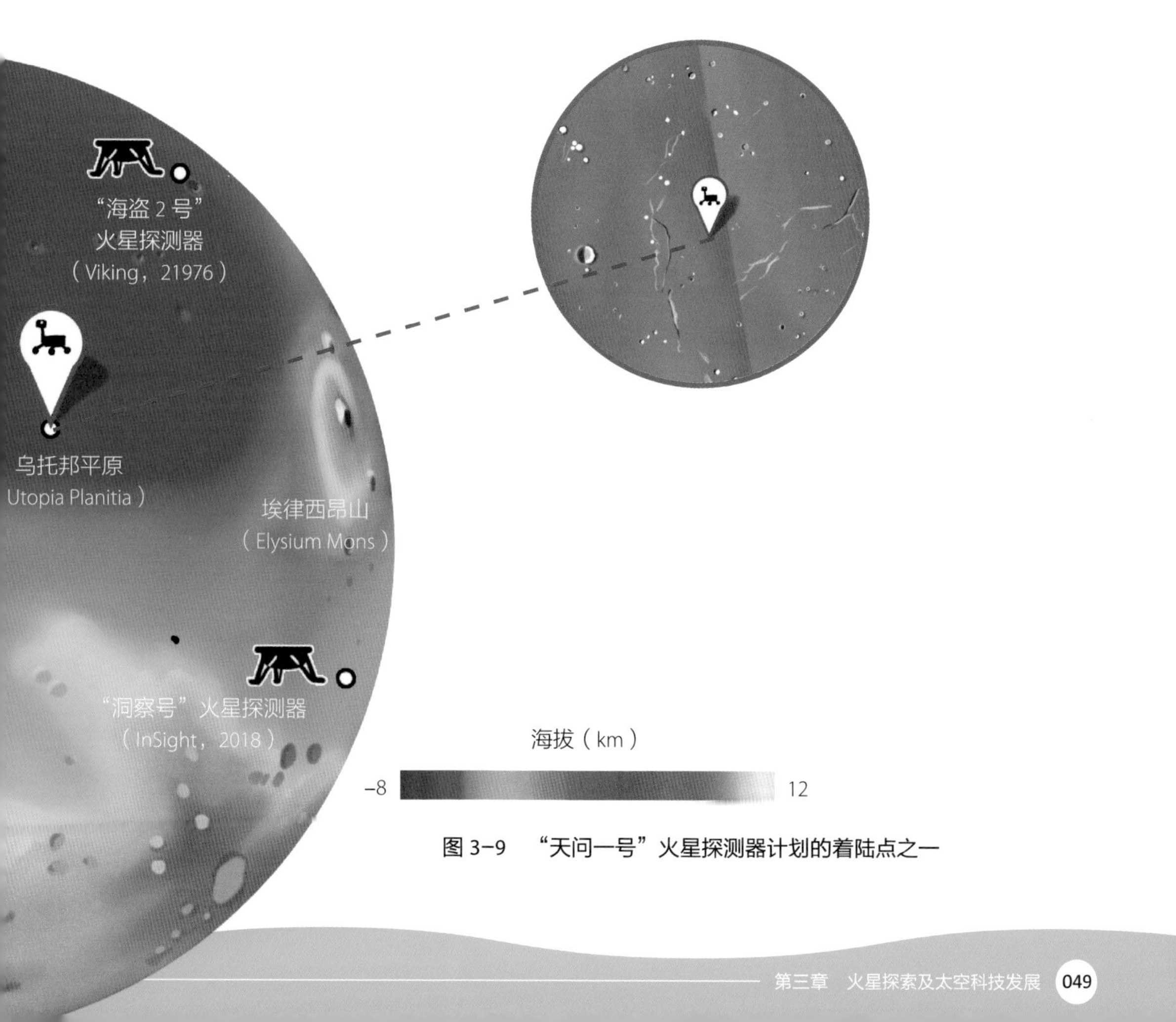

图 3-9　“天问一号”火星探测器计划的着陆点之一

之所以选这几个地段，是由于经过不断地探测，这些地方被认为可能会有水源，适合人类居住，是一个值得探索的地段。

2．火星生态系统改造

现在的火星非常不适合人类居住，需要对火星进行生态系统改造：一是利用火星上现有的物质进行化学反应产生温室效应，提高火星表面温度；二是引进有助于改造火星生态环境的抗辐射耐寒微生物，抗辐射耐寒微生物能改良火星土壤、清除土壤中对植物有害的物质，使之适合植物生长。有了温室效应后，火星就可以形成湖泊，可进一步引进水生植物，制造 O_2。植物是制造 O_2 效率最高的生命体。湖泊的生态系统得到改善后，就可以引进鱼类和其他水生动物。随着植物不断地造氧，火星大气中 O_2 浓度也不断增加，逐渐形成臭氧层产生紫外线屏障。这个时候就可以引进陆生的植物，然后再引进动物，火星宜居生态系统就形成了。

火星上有益微生物的培养是非常重要的一个步骤，微生物可以清除土壤中的有害物质，也可以作为帮助植物生存繁殖的益生菌，所以探究微生物能否在火星土壤中生存是至关重要的。

在火星上培育植物的目的首先是为人类提供食物来源，其次是改善火星生态环境，建设宜居环境和景观。此外，植物还是维护人类健康的草药和药物成分的重要来源。火星植物的培育可能需要利用极端微生物改造土壤，以利于植物更好地适应火星土壤。火星上的植物还需要具有极高的耐强辐射能力，这也需要微生物的帮助。植物与极端微生物共生可以改善生态系统并提供防辐射保护。利用极端微生物有助于促进碳代谢，提供过氧化保护，增强植物对环境的感应灵敏度，以使其更容易适应火星环境。

3．太空生物医药的研究

航天医学是以研究特殊航天环境对人类健康的影响，保障人类在航天探索中安全、健康和有效的工作为主要目标的特种医学学科。

在太空中工作，航天员需要承受多种因素对身体和心理带来的影响，如隔离、孤立以及暴露于多种压力源中：微重力、辐射和噪声。因此，太空的生存环境是严酷的。在严酷的极端环境下，航天员面临多种健康问题，包括功能性损伤（如认知减退），类衰老现象（如骨质疏松），亚健康问题（如脑内血压升高）和后遗症（如患慢病、癌症风险增高，图 3-10）。要想更好地将人类文明向更远的太空深处延伸，就必须应对和克服复杂的太空环境，通过现象观察和机理研究，发展新兴生物医药技术，开发干预和治疗太空健康问题的有效方法。

太空生物医药的研究必将给人类带来三方面益处：一是可利用空间特殊环境，发展地面无可企及的颠覆性生物医药技术，比如，美国 NASA 与跨国药企合作，在

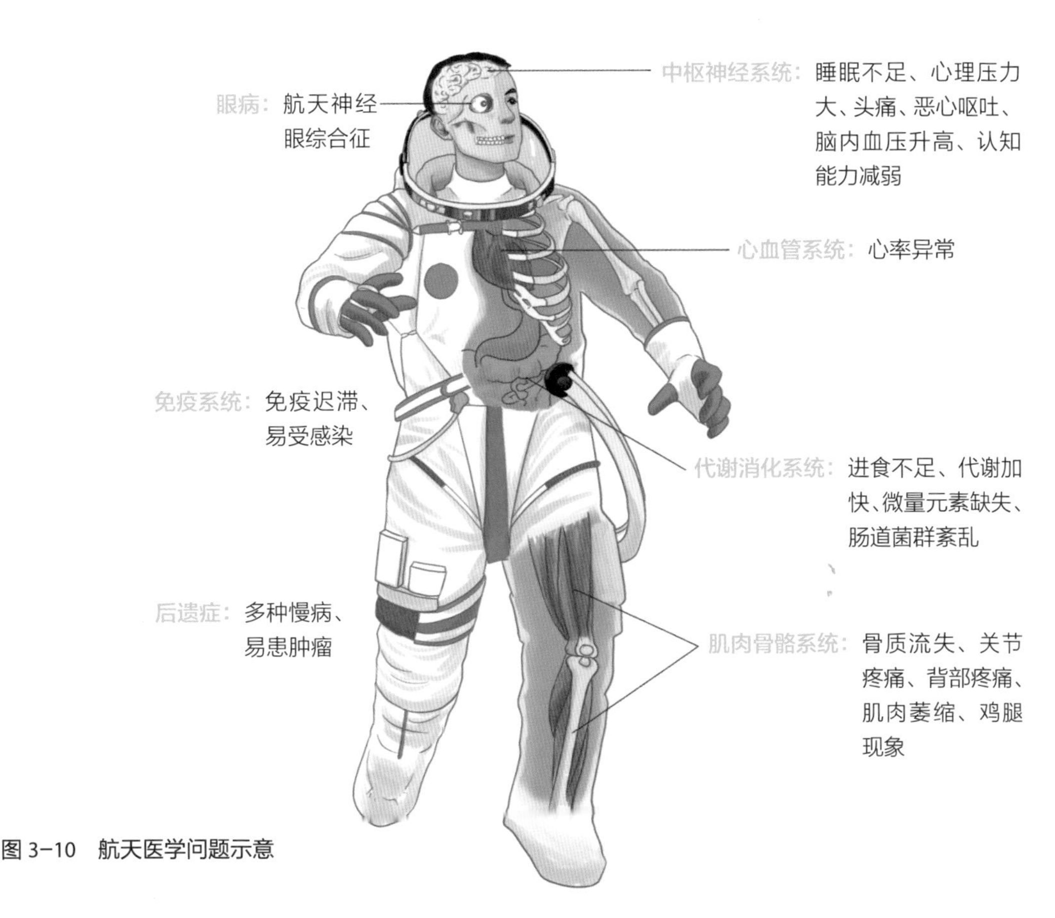

图 3-10　航天医学问题示意

国际空间站利用太空极端环境开发新型单抗药物快速注射制剂；二是可了解空间环境对于生命活动规律的影响，继而发现生命科学的新知识和新现象；三是可以开展生命起源和演化研究，为人类发展与未来提供一些基础性成果。

4. 航天员在航天器中处于极端环境中

高辐射（20~100 倍地表辐射量）、微重力（3~10g）、时差错乱、封闭隔绝的极端环境，对人体的生理状态有很大影响（图 3–11）。

5. 太空失重的环境会使航天员的体液重新配置

地球的重力会使人体体液更多地聚集到下半身，大脑和各个组织器官也适应了这种环境。在太空失重的环境下，人体体液在上下半身的分配会相对均匀。也就是说，在太空中，人体上半身的血液会比在地球上的多。这也就是为什么很多人觉得航天员在太空中好像变胖了，其实是因为体液分配得更均匀了，头部面部比原先有更多的体液，所以看起来脸部臃肿，给人感觉胖了。这种体液的重新配置会给人类带来

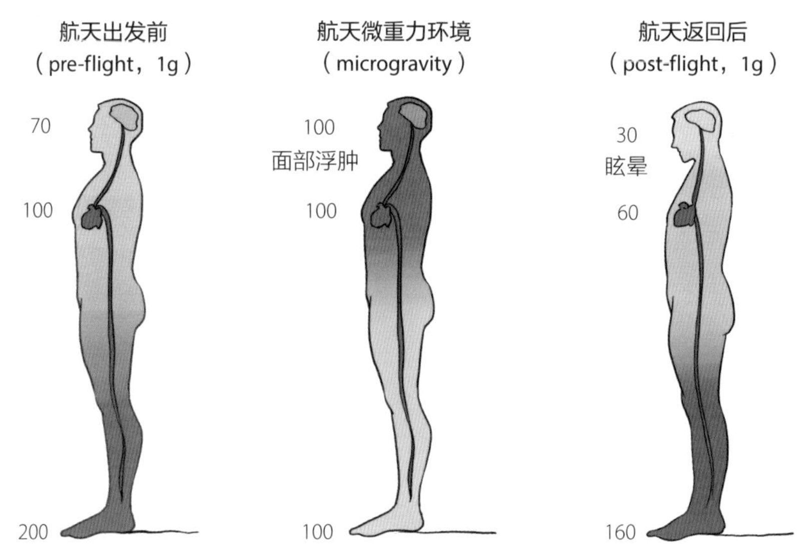

图 3–11　航天员到太空前后的身体变化

很大的风险。如果是血压偏高的人，则非常容易引发脑出血和心血管疾病。因为航天员的体质较好，所以影响会小很多。在航天员返回地球重新得到重力的15min时间里，体液又会重新适应地球的环境，加上返回舱的剧烈运动，会给航天员身体的循环系统造成不小的负荷，不容易在短时间内恢复。

6. 失重状态下，航天员的骨质会大量流失，容易引起骨质疏松

人体骨骼若无机械应力的刺激，就会无用废弃。流失的骨质会通过肾脏排出体外，进而导致骨折。这也是航天员要坐轮椅出舱的一大原因。美国NASA研究发现，航天员在太空的骨质流失率是平均每个月2.7%，在太空待半年相当于60岁人体的骨密度。

7. 在太空中，航天员会发生肌肉萎缩

正常人起床、走路、站立等一系列日常动作，全身的肌肉在重力的作用下都会参与，起到支撑的作用。肌肉只有在使用的情况下（如支撑身体、锻炼等），才可以维持。而在太空失重的环境下，航天员无需使用肌肉支撑身体对抗重力，也不会有大量的时间锻炼，所以航天员在太空中待一段时间后，都会出现肌肉萎缩的现象。经科学家测算，在太空待180天，肌肉就会减少40%（图3-12）。太空滞留时间最长的纪录保持者是俄罗斯的瓦莱里·波利亚科夫。他在太空待了438天，双脚的角质死皮已经完全脱落，比刚出生的婴儿还要嫩滑。

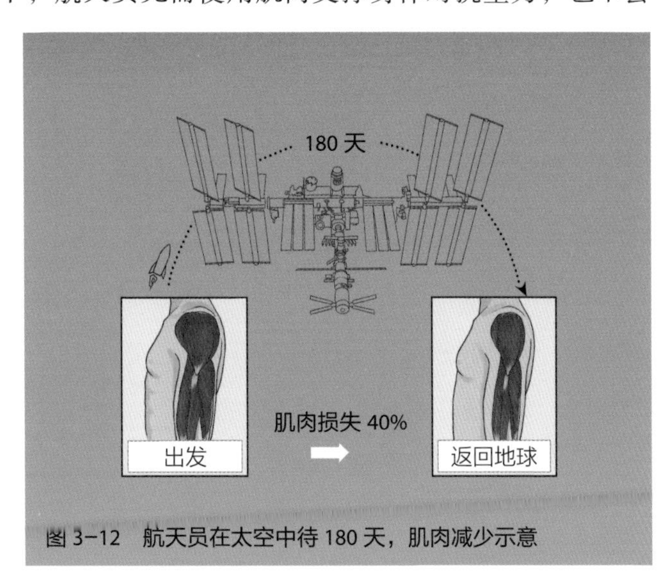

图3-12 航天员在太空中待180天，肌肉减少示意

三、太空安全问题

随着人类对太空探索的逐渐深入，越来越多的人被送往太空进行各种作业和研究。对航天员来说，身处太空中，不但要遭受陨石撞击、缺氧、低温等的威胁，体内的基因也可能会因为受到宇宙射线照射而产生变异。太空极端的环境易激发应激反应，引起比地面更广、更强的变化和变异、生理基因表达异常、基因突变、修饰变化、代谢产物量变到质变等。因此，分析这些变化对功能和安全性的影响对于人类探索火星具有重要意义。

1. 太空潜在有害微生物防范问题

各种微生物可在航天器舱内外生存（图 3-13），对航天员具有潜在危害，需引起高度重视。太空极端环境可引发微生物变异，产生有害菌种和超级菌。

2. 太空药物变质问题

许多航天员常用药物在太空中存在质量变化（如活性物质降低、制剂物理形态变化、杂质增加）问题。实验表明，辐射可以引发手性药物消旋、药效降低、产生副作用。太空辐射可能引起药物、辅料、食物和中药消旋，产生健康隐患，需进行研究。

图 3-13　各种微生物生活在航天器舱内外

四、空间健康研究的“天为地用”

1. 太空的新药创制以及改良

太空有许多地球上所不具备的看不见、摸不到甚至也感觉不到的特性，如失重、宇宙辐射、真空、低温等。这些都是诱变育种的理想条件。

高能粒子对航天员造成辐射的同时，也能使微生物的遗传物质 DNA 受到损伤，产生可遗传的变异。这些变异导致微生物外观或产药能力发生变化。

微生物是目前药品的主要生产者。有些药物的生产能力非常有限，所以价格昂贵。因此，我们可以通过太空搭载微生物，在大量变异的微生物中，筛选那些非常少的、朝更好的方向变异的菌株，然后对其进行培养，提高产药率。

2. “天为地用”大健康的研究

在国际空间站十大技术突破中，有 4 项是跟制药有关的。微重力环境骨骼和肌肉流失的研究，推动了治疗骨质疏松的普罗利亚有效成分、治疗骨转移的狄诺塞麦、抑制肌肉流失的 PINTA 745 等药物的研制。

2002 年，科学家发现微重力环境下，装有化疗药物的微型胶囊能够更加简单地直达肿瘤部位，从而推动了靶向药的研制。

利用空间的亚健康模型可以进行药物研制。太空和地面亚健康现象是否差别巨大，药物有无“天为地用”的价值？这些都是亟待探索的科学问题。

参考文献

[1] David W B, Stephen M C, Lars E, et al. Key science questions from the second conference on early Mars: geologic, hydrologic, and climatic evolution and the implications for life[J]. Astrobiology, 2005 (5): 663–689.

[2] Ebrahim A, Ryan T S, Matthew J, et al. Fundamental biological features of spaceflight: advancing the field to enable deep-space exploration[J]. Cell, 2020(183): 1162–1184.

[3] Frances W, Damien L, Frédéric Foucher, et al. Habitability on Mars from a microbial point of view[J]. Astrobiology, 2013 (13): 887–897.

[4] Günter R, Katrin S. Space medicine 2025 A vision: Space medicine driving terrestrial medicine for the benefit of people on Earth[J]. Reach Reviews in Human Space Exploration, 2016 (1): 55–62.

[5] Hargens A R, Bhattacharya R, Schneider S M. Space physiology VI: exercise, artificial gravity, and countermeasure development for prolonged space flight[J]. Eur. J. Appl. Physiol., 2013(113): 2183–2192.

[6] 宋星光，武勇江，安普忠．“天问一号”：中国首次火星之旅 [N]. 解放军报，2020-07-10(011).

[7] 吴伟仁，崔平远，乔栋，等．“嫦娥二号”日地拉格朗日 L2 点探测轨道设计与实施 [J]. 科学通报，2012, 57(21): 1987–1991.

[8] 一大块融化了的巧克力——火星北极冰盖透视图 [J]. 华东科技，2017(03)：76–77.

神奇的大自然用了几十亿年的时间，才将地球演变成了一个生机蓬勃的星球。虽然人类现在可以到达火星，但是要想在那里居住，还必须把火星环境地球化。这一伟大工程的实现需要数代人甚至几千年或更长时间。

第四章

火星环境、火星生命与火星改造

华跃进　浙江大学生命科学学院生物物理研究所

一、火星探测计划

2020 年 7 月 23 日 12 时 41 分，“长征五号”遥四运载火箭在中国海南的文昌航天发射场点火升空。这里面既装载着“天问一号”火星探测器，也装载着我国人民对火星探测的雄心壮志。这是历史性的时刻，“天问一号”火星探测器被成功送入火星探测之旅的预定轨道，标志着我国从此迈开了自主开展行星探测的步伐。对茫茫宇宙的好奇、对生命起源等科研问题的追问、对人类未来命运的探索共同凝结成我们矢志不渝的航天梦。纵观我国及世界航天史，人们为探测火星做过哪些努力呢?让我们回顾一下那些有关火星探测的标志性事件和探测用火星车（图 4–1）。

图 4–1　火星车一览

◎ “索杰纳号”火星漫游车

“索杰纳号”火星漫游车 1996 年由美国发射，1997 年登陆火星表面，是在火星上真正从事科学考察工作的第一台机器人车辆。它是一辆自主式的机器人车辆，同时又可从地面对它进行遥控。

◎ “勇气号”火星漫游车

“勇气号”火星漫游车是美国 NASA 研制的系列火星探测器中的一个，于 2004 年 1 月 4 日在火星南半球的古谢夫陨石坑着陆。

◎ “机遇号”火星漫游车

“机遇号”，亦称为“机会号”或火星探测漫游者 B（Mars Exploration Rovers B，MER-B），是一个于 2004 年进行火星探测任务的地表漫游车。它是美国 NASA 在火星上执行探测任务的两辆探测漫游车的其中一辆。

◎ “好奇号”火星漫游车

“好奇号”火星漫游车是美国 NASA 研制的一台执行探测火星任务的火星漫游车，于 2011 年 11 月成功发射，2012 年 8 月成功登陆火星表面。

◎ “天问一号”火星探测器

2019 年 10 月 11 日，中国火星探测器“天问一号”首次公开亮相；2020 年 7 月 23 日在海南文昌成功发射，正式实施中国火星探测任务。

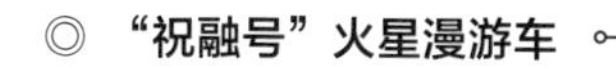

◎ “祝融号”火星漫游车

“祝融号”火星漫游车是随着“天问一号”火星探测器发射的第一辆火星漫游车。

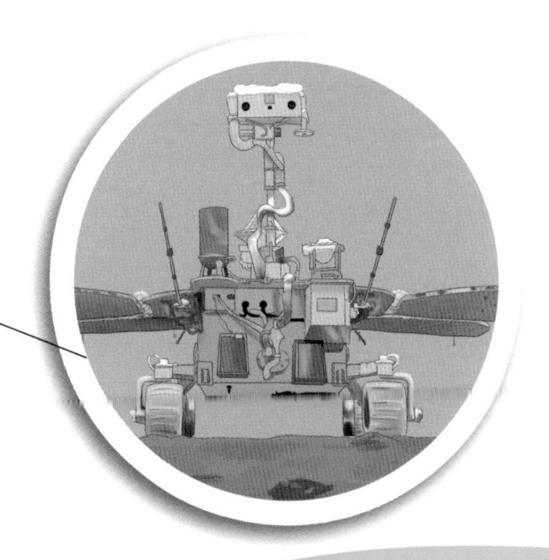

1. 美国的标志性事件

1964 年 11 月 28 日，美国发射“水手 4 号”火星探测器（最早是苏联在 1960 年发射火星“1A 号”探测器，虽然失败了，但它被看作是人类火星探测的开端），1965 年 7 月 15 日拍摄了 21 张照片，并回传了第一张火星表面照片。

2037 年，计划派航天员登上火星。

2. 中国的标志性事件

第一阶段：2009 年之前，确定探测目标、技术研发和寻求国际合作。

第二阶段：2009 年至 2020 年 6 月，探测火星，所得数据为火星软着陆提供理论依据。

第三阶段：2020 年 7 月至今，发射火星着陆器并携带“祝融号”火星漫游车，在火星上软着陆（图 4–2）。

图 4–2 “祝融号”火星漫游车车（左）与着陆平台（国家航天局）

第四阶段：未来，建成火星表面观察站，发展飞行器在地球与火星之间穿梭，并且建立火星基地供机械探测器进入。此阶段的最终目标是为人类将来登陆火星提供基础，人类可在火星观察站中观察火星。

3. 近两年，“祝融号”火星漫游车的进展和成果

2020 年 7 月 23 日，我国首次火星探测任务“天问一号”火星探测器在文昌航天发射场发射成功，并于 2021 年 5 月 15 日在火星表面成功着陆。“天问一号”火星探测器由环绕器（图 4–3）和着陆巡视器组成。着陆巡视器包括“祝融号”火星漫游车及进入舱。“天问一号”任务的成功完成使我国成为第二个成功着陆火星的国家，并实现了我国航天发展史上的 6 个“首次”：首次实现地火转移轨道探测器发射，首次实现行星际飞行，首次实现地外行星软着陆，首次实现地外行星表面巡视探测，

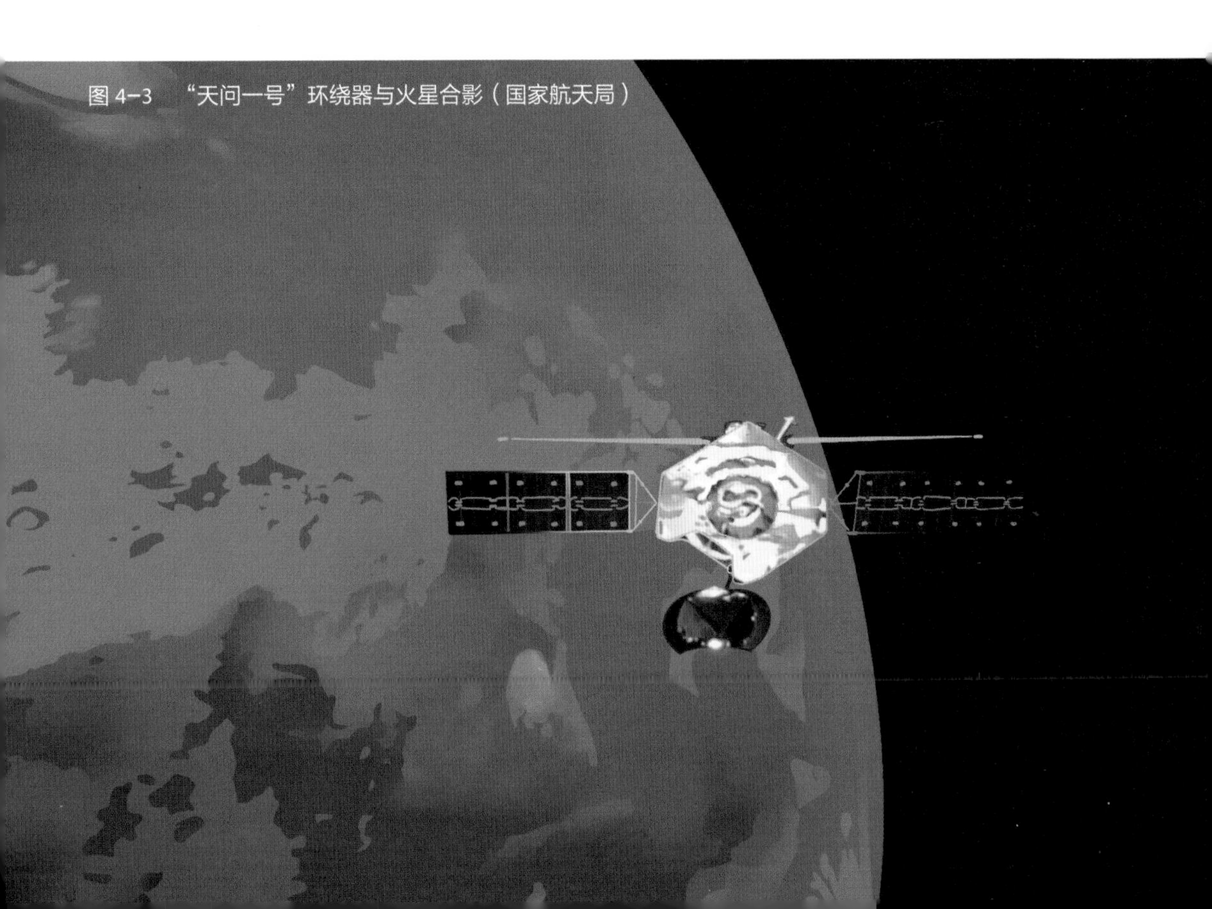

图 4–3 “天问一号”环绕器与火星合影（国家航天局）

首次实现4亿千米距离的测控通信，首次获取第一手火星科学数据。其中，“祝融号”火星漫游车在火星表面移动的视频是人类首次获取的火星车在火星表面的移动过程影像。

“祝融号”火星漫游车在着陆火星后，开展巡视探测任务，获取火星表面地形地貌、磁场、地下剖面结构、典型地物的成分以及气象信息等科学数据（图 4-4 和图 4-5）。截至目前，其已在火星北部低地的乌托邦平原区域行驶了 1 年多，累计行驶 1921m，获取并传回原始科学数据约 940GB。利用这些数据，科学家发现了火

图 4-4　火星北极冰盖（国家航天局）

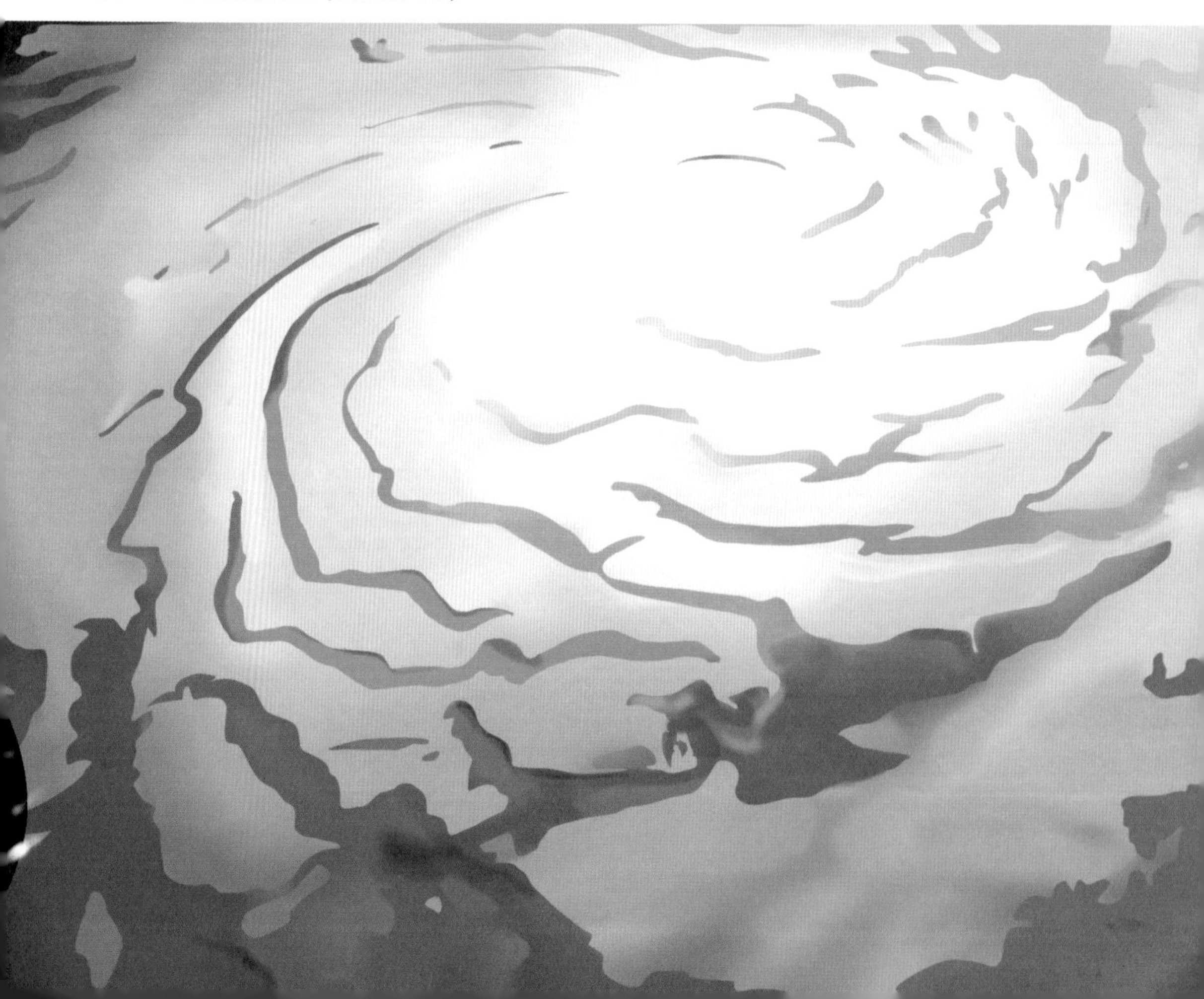

星表面岩石物理风化过程的直接证据（图 4–6），对理解火星的气候环境演化历史具有重要意义。此外，科学家在“祝融号”火星漫游车的巡视区发现了一种岩化的板状硬壳层，其富含含水硫酸盐等矿物。这一发现意味着火星在亚马逊纪时期的水活动可能比以前认为的更加活跃，表明“祝融号”火星漫游车的着陆区可能含有大量以含水矿物形式存在的可利用水资源。

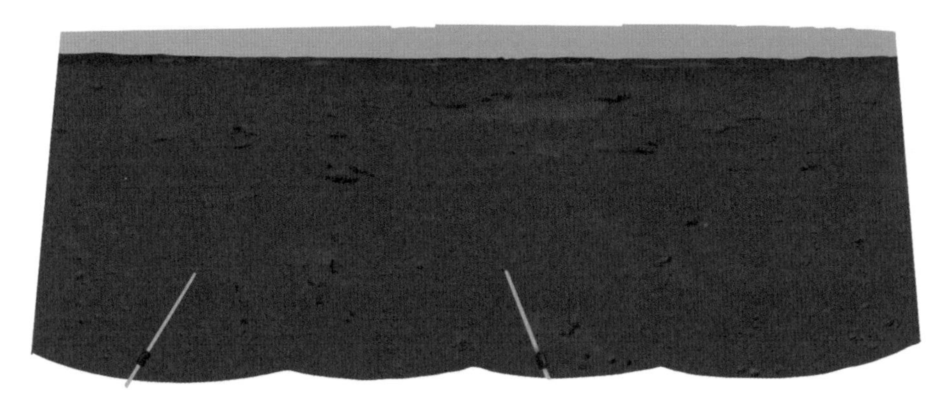

图 4–5 “祝融号”火星漫游车拍摄的火星表面地貌（国家航天局）

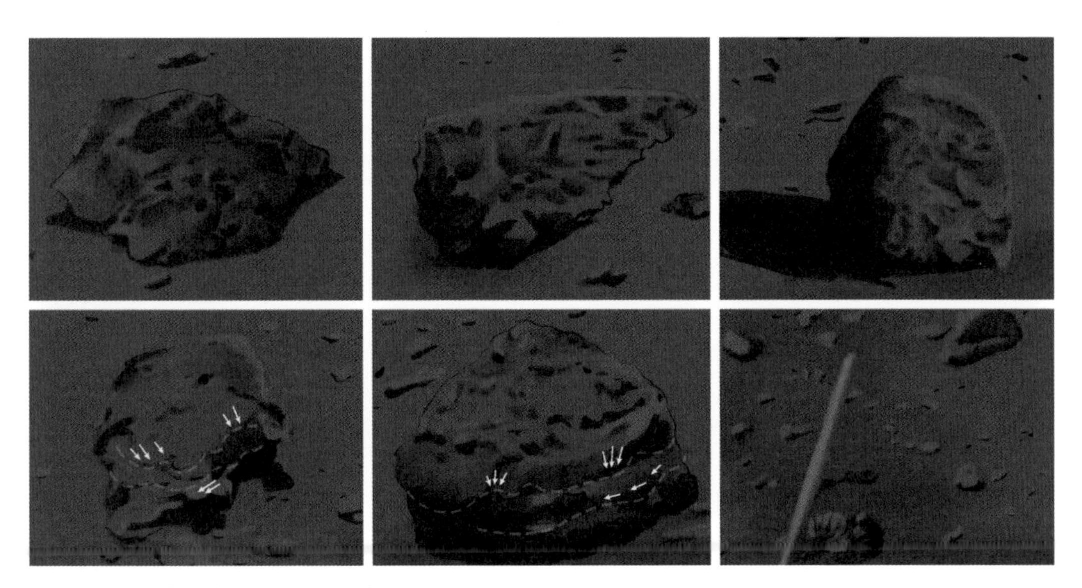

图 4–6 火星表面岩石物理风化形态

二、火星环境

火星是太阳系八大行星之一，是太阳系由内向外第四颗行星，属于类地行星，也就是说跟地球比较接近。我们观察到它的颜色主要是橘红色，原因是火星上有赤铁矿，也就是 FeO，所以橘红色其实就是 FeO 的颜色。据我国古代书籍中记载，火星又被命名为“荧惑星”，而西方古代（古罗马）称火星为“玛尔斯星”，玛尔斯在西方是一个战神。

1. 火星上到底有没有水

对于火星上到底有没有水这个疑问，最早的报道是美国 NASA 于 2015 年 9 月宣布火星上存在着流动水；2018 年 7 月 27 日，法国新闻社报道在火星上发现了液态水；2019 年 10 月，美国“好奇号”火星漫游车发现火星存在着盐湖水，也就是说在火星地表以下存在盐湖里的水。

2. 火星地理概况

从图 4-7 中可以看到，其中标注了一个高地，这个高地叫萨尔希斯高地。在这个高地上有一个奥林匹斯火山。目前，这个火山是不活跃的，是死火山。然而，它的高度竟然高达 27km。我们知道地球上的第一高峰是珠穆朗玛峰，它的最高峰是 8848.86m。它相当于珠穆朗玛峰的 3 倍多。火星上不仅有高地和火山，也有非常壮观的峡谷，其中一个峡谷叫水手谷（图 4-8）。

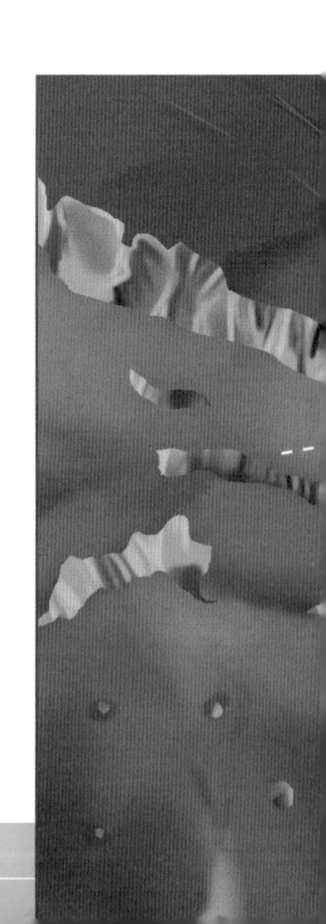

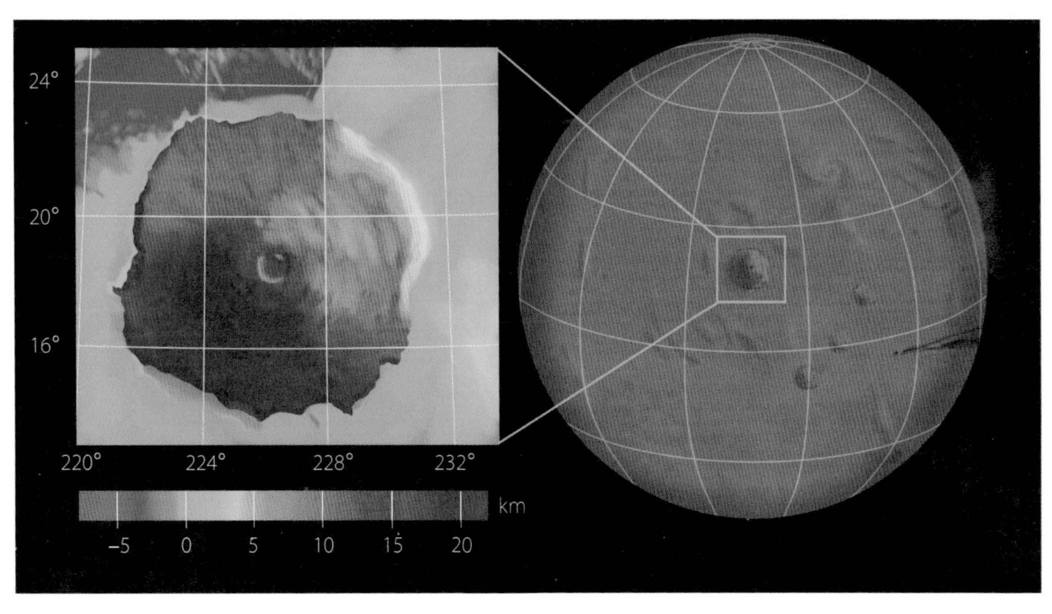

图 4-7　萨尔希斯高地

图 4-8　水手谷

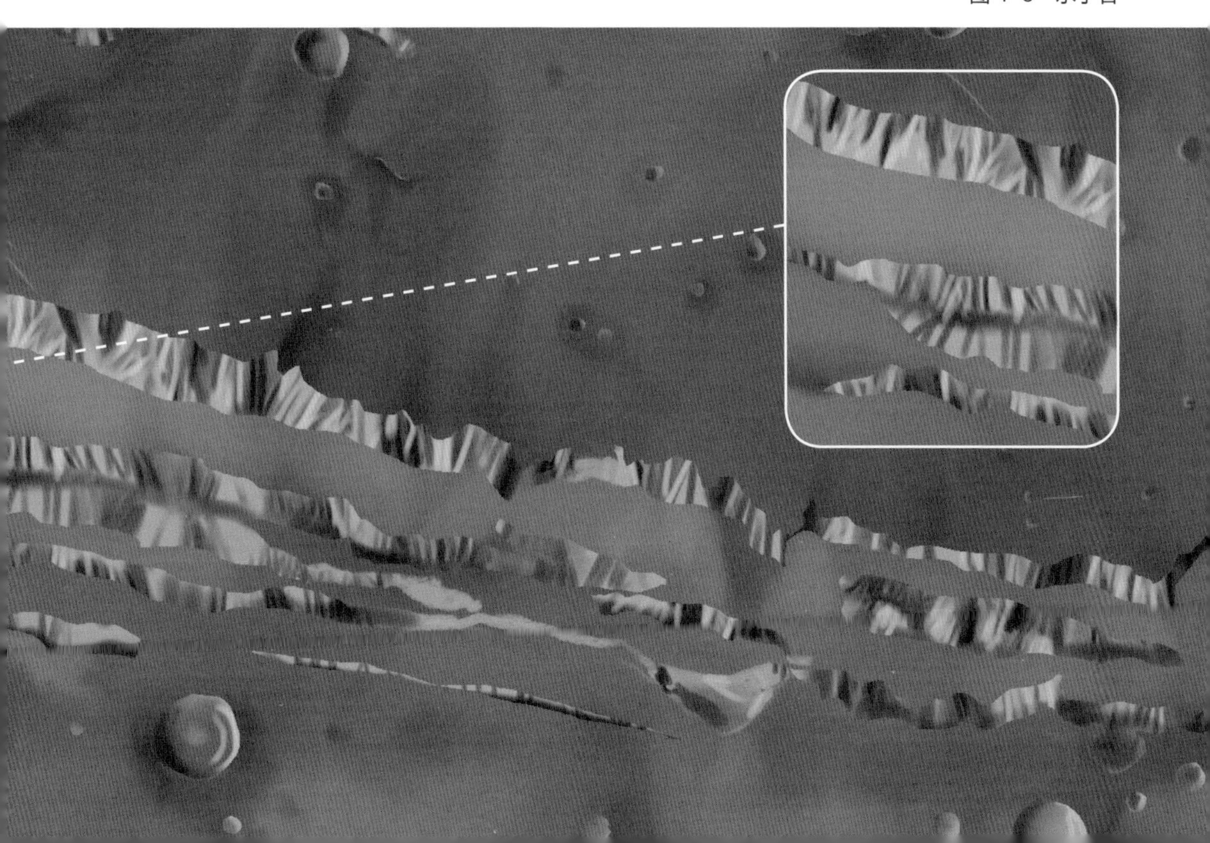

水手谷总长度为 4000km，是美国科罗拉多大峡谷的 10 倍，深度是科罗拉多大峡谷的 4 倍，可以将整个喜马拉雅山脉倒装进峡谷里。我们可以想象它到底有多大！

另外，在火星上还可以看到许多陨石坑，这些陨石坑又形成盆地。其中，最大的盆地叫赫拉斯盆地，宽度为 1800km。科学家根据火星平原的侵蚀效应，认为火星存在过大量水。现有的证据也表明，火星表面有曾经的海洋和河川的痕迹。以上这些，我们都可以从火星探测器拍到的火星照片中看到。

3. 火星上的气候是怎样的

了解了火星的地理环境，那么它的气候又如何呢？我们人类或者其他生物能否在火星上生存？这跟它的温度息息相关。总体上，火星上的平均表面温度为 –63℃，最高温度为 –23.88℃，最低温度低于 –73.33℃。大家可以想象，对于最高温度，我们人类如果保暖条件好一些，还能勉强生存；平均温度下，基本无法生存。

三、火星生命

说到火星生命，大家可能会觉得很玄乎。我们也看到了各种各样的报道，传说传闻也很多。那么，火星生命到底是怎样的呢？一提到火星生命，大家也许马上就会想到那些大脑袋、小身体，尤其是大眼睛的生物。这些可能是火星人或者地外比人类更智慧的生命体。当然，这些图都不是实物照片，基本上是想象图。

近几年，火星探测器也传回了很多从火星上拍到的照片。例如，图 4–9 被认为是一个昆虫的画像，有头部、胸部以及翅膀，看起来像一个蝇类动物。

可以说到目前为止，我们还没有在火星地表发现地外生命的踪迹。所以，现在不管我们看到多少照片，都不能确切判断在火星球面上有生命的存在。我们之前曾提到，生命与水是密切相关的。火星车已经探测到火星上有液态水和有机质的痕迹。有些科学家也发现，火星的极地地区可能存在着巨大的冰湖。它并不是位于地表，而是位于地下。因此，这些冰湖也被称为地下冰湖。科学家对地下冰湖有着不同的意见。有相当一

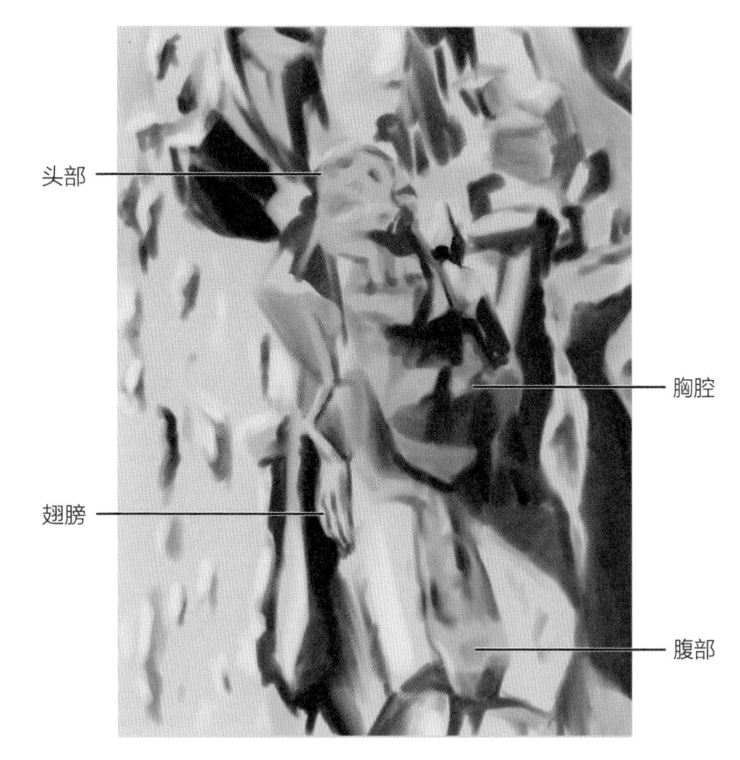

图 4–9　从火星上传回来的照片，看起来像昆虫的生物

部分科学家认为，这个地下湖里有可能是液态水。从探测数据来看，这个湖泊的含盐量非常高。因此，大多数人认为，在这样高含盐量的盐湖中，存在生命的可能性比较小，当然这只是一种猜测。另一些科学家认为，盐含量高不能作为不存在生命的一个依据，因为在很多国家（包括中国）都有盐湖，盐湖的表面和盐湖上层，哪怕是盐湖当中，还是有生命的，生活着一些放线菌。另外，还有一些微生物，经过不断演化形成了极端的耐盐性。因此，不能因为含盐量高，就认为里面不存在生命。

在地球上存在着一种特殊的细菌，叫耐辐射奇球菌（*Deinococcus radiodurans*）。浙江大学华跃进教授实验室（教育部生命系统稳态与保护重点实验室）对这个细菌在进行了近 20 年的研究，取得了一系列研究成果，在国内外产生了较大的影响。图 4–10A 是培养皿中培养的菌落的样子，图 4–10B~D 分别是透射电镜、扫描电镜和激光共聚焦电镜下的细胞样子，包括整个细胞结构。

这个菌为什么叫耐辐射奇球菌呢？图 4–11A 最左边这条线是人肺成纤维细胞，还有一些生物体代表，包括希瓦氏菌、大肠埃希菌和蛭形轮虫，最右边是耐辐射奇球菌。可以看到，它在非常强烈的（大概是 10^4Gy[①]）γ- 射线的电离辐射下，存活率可以保持在 80%。而我们人的细胞在数个 Gy 下，几乎就完全死了。

即便在微弱的电离辐射下，人的细胞也会发生少量的 DNA 双链断裂。人的细胞不能耐受 5 个以上的 DNA 双链断裂，会因此死亡。而对于耐辐射奇球菌来说，在几千 Gy 的辐射下，它会发生 200 多个 DNA 双链断裂，但它们不会死亡，还会大量存活（图 4–11B）。这是为什么呢？华跃进教授课题组通过研究证明，耐辐射奇球菌之所以具有这么强的抗辐射能力，是因为它们具有强大的 DNA 损伤修复能力！

关于耐辐射奇球菌，很多人会问："为什么我们要研究它呢？"曾经有一个俄罗斯科研团队，在 2003 年欧洲地理学会的工作发表会上，提出了一个假设"Guest from the Mars"，即"耐辐射奇球菌是来自火星的客人"。当然这个假设是否真实

① 戈瑞（Gy）是用于衡量由电离辐射导致的"能量吸收剂量"的物理单位。它描述了单位质量物体吸收电离辐射能量的大小。1Gy 表示每千克物质吸收了 1J 的辐射能量。

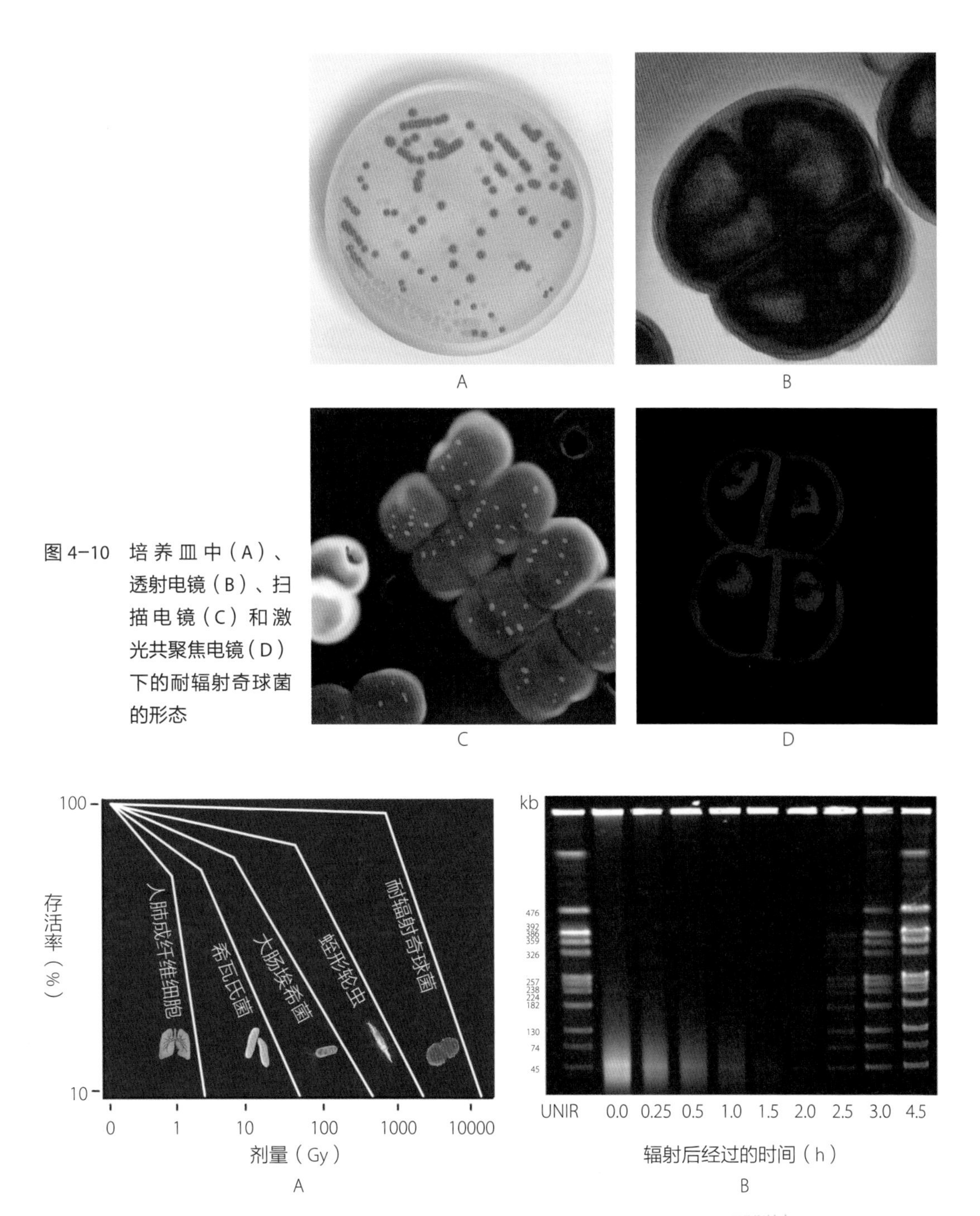

图 4–10 培养皿中（A）、透射电镜（B）、扫描电镜（C）和激光共聚焦电镜（D）下的耐辐射奇球菌的形态

图 4–11 不同代表性生物暴露在不同 γ- 射线辐射剂量下的生存曲线（A）和耐辐射奇球菌细胞暴露在 7k Gy γ-射线辐射剂量时 DNA 双链断裂动力学（B）

还未知，他们也提供了一些证据。他们认为，地球已经存在的微生物，例如，耐辐射奇球菌、海洋放线菌（*Rubrobacter radiotolerans*）、嗜木红杆菌（*Rubrobacter xylanophilus*），可能是地球在火星陨石上感染的。地球上的辐射背景包括天然核反应堆 Oklo 附近的辐射量，都比这些微生物的致死剂量低许多个数量级。因此，科学界推测，只有在火星条件下，才能“训练”出这种抗辐射性。因此，地球或许已经在火星陨石上感染了数次生物群。

另外，我们知道奇球菌耐辐射能力强，其中有一个原因就是其细胞中的 Mn^{2+} 和 Fe^{2+} 的比例特别高，比地球上的绝大多数生命高 300~700 倍！这种组成也跟火星环境是比较适应的。具有高 Mn/Fe 比的细菌对红外辐射（Infrared Radiation，IR）诱导的蛋白质氧化，具有极强的抵抗力。至于它是否来自火星？读者可以做一些思考。科学家在研究这个系统时，有一个很重要的关注点：奇球菌有一套非常特殊的 DNA 损伤修复机制。这个机制只局限在这个细菌的属里。到目前为止，这个属的数量大概是 50 个。跳出这个属，这个系统就不存在了。这也是为什么到目前为止它从进化树上看，和别的物种没有亲缘关系，是非常独立的。关于它的起源与演化，目前还是一个谜！

耐辐射奇球菌是地球上最顽强生物的一个例子。它是最抗辐射的一个生物体，能够在脱水、极冷、强酸、真空环境中生存，并且能在核反应堆周边找到它。除了细菌，水熊虫（图 4-12）也具有很强的抗辐射能力。相对于耐辐射奇球菌，水熊虫是真核动物，并且它是真核生物中体形很小的一类。一般，我们只能在显微镜下看到它，是小于 1mm 的个体。尽管它那么小，却可以在非常宽的温度范围下生存，最高温度可到 150℃，最低温度可至 -272℃。并且它可以在没有水的情况下存活 10 年，能在充满辐射的地外空间生活。其实，水熊虫这个生物在我们地球上广泛存在，只要仔细去找，就可以在外面的土地里或者草丛中找到。奇怪的是，为什么地球上会广泛分布那么多具有如此顽强生命力的生物？有人说，它们是地球经历了 5 次大规模灭绝事件的幸存者。

图 4-12 水熊虫

近些年，也有一些对水熊虫的研究报道。2007 年，法国科学家进行了一次极端实验。他们利用窗口期向太空发射火箭飞船，并且将水熊虫暴露在飞行器上。当飞船在近地轨道时，飞行器充分暴露在高能宇宙辐射中。这样，水熊虫也就暴露在宇宙中。10 天以后，飞船回到地球。科学家对飞船上搭载的水熊虫进行水合（未水合时，水熊虫处于脱水状态）。水合以后发现，超过 68% 的水熊虫能够存活下来，并且不少水熊虫还诞下了后代。我们要知道，这和航天员是不一样的。航天员是在飞行器里面，同时穿上了防护服，而法国科学家做的这个实验是将水熊虫完全裸露在宇宙空间。2011 年 5 月，意大利科学家将水熊虫与其他极端微生物放在一起，搭乘一个叫“发现号”的航天飞机进入太空进行实验。实验结果表明，微重力和宇宙辐射对水熊虫等缓步动物的影响不大，它们基本上可以存活。

本节提到了两个例子：耐辐射奇球菌和水熊虫。虽然它们具有很强的地外空间适应能力，但并不能说明它们就是地外生命，更不能说明它们来自火星。

四、火星环境地球化

我们要把火星的环境逐渐改造成像地球一样适合人类居住，这个过程叫火星环境地球化。我们进行火星环境地球化的原因主要有以下3点。

1．地球环境日益恶化，资源匮乏

大家都清楚，现在大国之间的竞争很多方面都是资源的竞争，包括能源的竞争，如石油、天然气。今后，对水资源的争夺也会越来越激烈，因为水是生命存在的一个必要元素。由于人类的大量不合理的开发利用，我们的资源越来越匮乏，地球已经承受了太大、太重的负担。随着人类数量的日益增大，地球正趋于不堪重负。

2．走出地球、拓展空间是国家发展战略

美国成立了太空军，我国虽然现在还没有，但相信在不远的将来，我们也会有的。实际上，许多年以前，国家之间就已经开始了对太空的争夺，今后也会越来越激烈。因此，走出地球、拓展空间是我国的一个非常重要的战略。

3．霍金预言及太空事件的不可预测性

英国著名物理学家、宇宙学家霍金曾有4个预言。其中，第一个预言跟太空事件有关。这个预言最初并不是来自霍金本人，而是来自乌克兰的科学家。他们认为，有一颗被称为“杀手”的小行星，可能

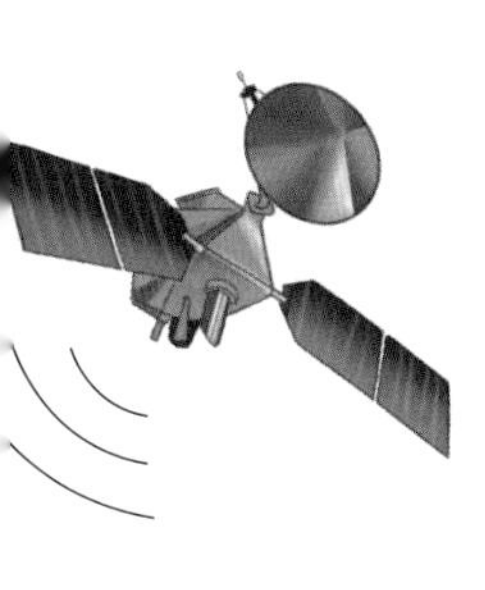

将在2032年撞击地球。其实，2017年9月16日，这颗小行星与地球擦肩而过。擦肩而过在宇宙空间上的尺度到底有多大？其实，它大概距离地球6.7×10^7km。但是美国NASA的科学家通过研究证明，这个小行星又改道折返，在2032年还有可能向地球飞来，撞击地球的概率为0.002%。宇宙空间存在太多的飞行物或者小行星，一个小行星撞击地球的能力相当于几千颗原子弹爆炸的能量。如果真的有撞击事件发生，那么整个地球就有可能被撞毁，地球上的生命也会灭亡。当然，它撞击地球的概率还是比较低的。我们还无法预见霍金的其他3个预言的真实性：人类要走向太空、外星人在监控我们地球以及人工智能将是人类的终点。

综合以上几个原因，将火星目前的气候和大气改造成类似地球的行星，创建一个更适合人类居住的环境具有重要意义。火星环境地球化的目标是大气能够改善，在地里能够长出青草和植物，还会有河流、湖泊。那么，具体要怎么做呢？其实，科学家也已经研究了很长时间，大致概括起来有以下4种方法。

第一，通过反射太阳光，使火星表面升温。因为火星表面的温度太低，以致人类无法在上面生存，所以要提高气温。美国NASA目前正致力开发一种太阳帆推进系统，该系统通过巨大的反光镜利用太阳光，推动太空船在太空中的航行。将反光镜放置在距火星32万km处，通过反光镜将阳光集中反射到火星两极的冰盖上，使那里的冰融化，释放出储存在冰内的CO_2，形成温室效应，使气温上升。另外，我们也可以将氯氟烃等温室气体直接运送到火星表面，促进气温升高。

第二，通过小行星撞击火星，来增加火星表面温室气体的含量。太空科学家克里斯托弗·麦凯和罗伯特·祖布林（《移民火星》的作者），还提出了一个更加“极端”的方法来提高火星温度。他们认为，用含有氨的巨大冰冻小行星猛烈撞击这颗红色星球，将会使其产生大量的温室气体和水。为了实现这一目标，科学家需要在外太阳系的小行星上以某种方式安装热核火箭发动机。火箭将推动小行星以大约 4km/s 的速度运行。10 年之后，火箭将停止运行，100 亿 t 重的小行星可以在无动力的条件下朝着火星滑行。撞击将产生大约 1.3 亿 MW 的能量。这些能量足够地球使用 10 年，一次碰撞产生的能量可以使火星的温度上升 3℃。突然升高的温度将会使大约 1 万亿 t 的冰融化。这些水足够形成一个深 1m、覆盖面积超过康涅狄格州的湖泊。50 年内，通过几次这样的碰撞，将会在火星上创造出温和的气候，还可以制造出足以覆盖火星表面 25% 的水。然而，每次小行星轰击所释放的能量相当于 7 万 Mt 当量的氢弹。这将使人类在该星球上安家落户的时间推迟几百年。

第三，给火星“加个磁场”。给火星加磁场的方法有两种：一个方法是通过调节，加快火星的自旋与公转速度；另一个方法是使其地心热核反应增强，反应区域逐渐增大。给火星加磁场的方法虽然科学家提出来了，但是想要做到这一步非常难。最起码现在是无法做到的，而且现在我们对于行星磁场的机制还不是很清楚，难度可想而知！

第四，通过生产温室气体，“留住”太阳辐射。建立几百个以太阳能为动力的机器，生产并释放温室气体（如氯氟烃、甲烷、CO_2），在火星上重现与地球上相同的加热效应。这些温室机器模拟大自然中植物的光合作用，吸收 CO_2，释放 O_2。火星大气层的含氧量会缓慢增加，直到火星上的移民者只需要一个呼吸辅助器，不再需要航天员的增压服，就可以满足呼吸的需求。还可以利用光合细菌来代替或协助这些温室机器。

第五，华跃进团队提出了一个火星环境地球化微生态系统（图 4–13）。将耐辐射奇球菌、水熊虫以及蓝藻（来自索尔库里沙漠）3 种生物放在一个系统中，利用监控进行管理，并通过信息传输系统实施监测。在这个系统中，有分解者、消费者和生产者，再与周边环境构成一个小的微生态系统。然而，这个微生态系统需要的水熊虫一直没有找到合适的种类。因此，这个微生态系统还需更多的探索和实验。

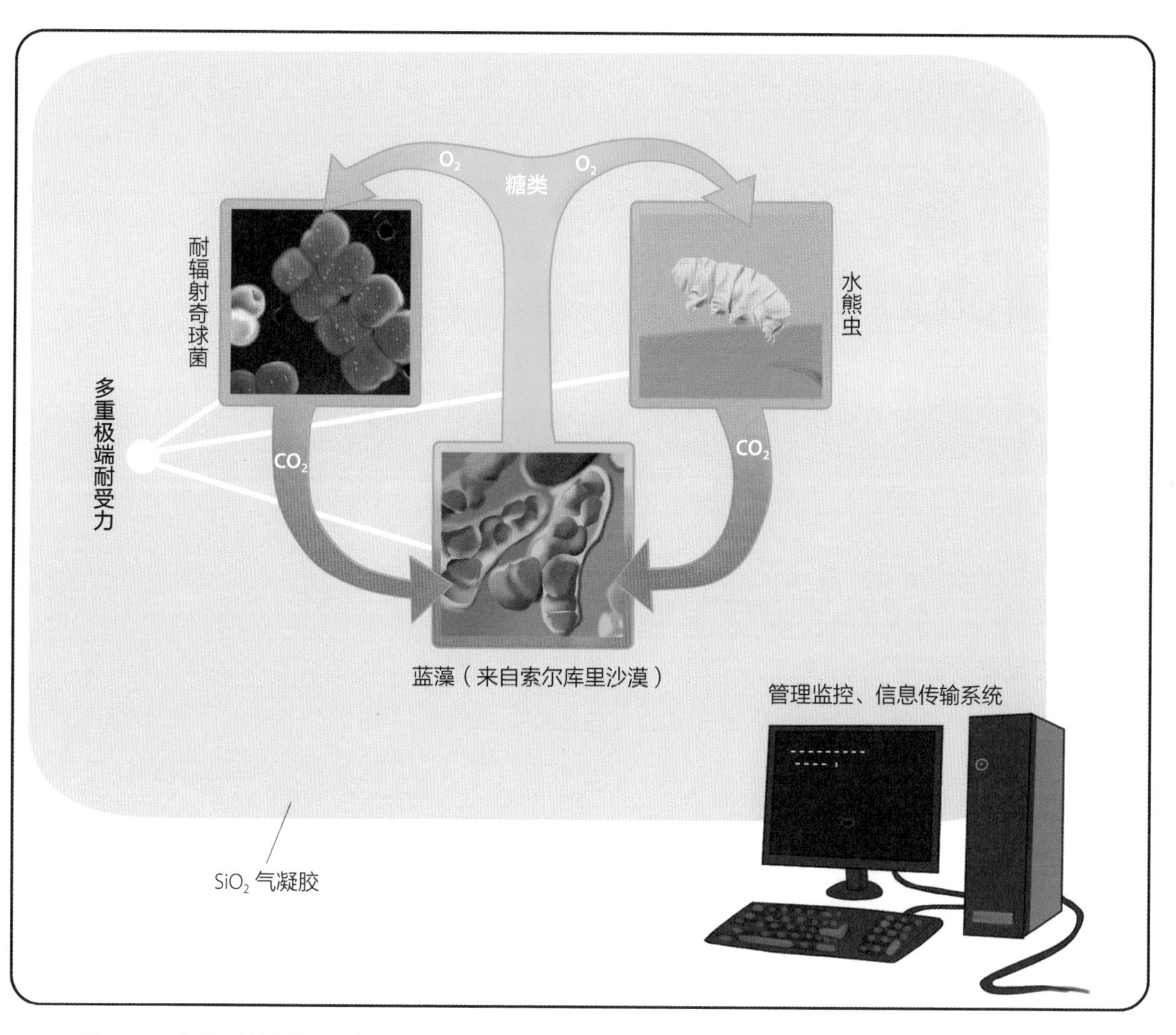

图 4–13　火星环境地球化微生态系统示意

五、结束语

伟大的大自然用了几十亿年的时间，才将地球变成了一个生机蓬勃的星球。虽然人类现在可以到达火星，但是要想在那里居住，还必须把火星环境地球化。这一伟大工程的实现需要数代人甚至几千年或更长的时间。人类需要付出高度智慧和几个世纪的努力，才能建立一个适合人类居住的环境，并将生命送往寒冷干燥的火星世界！

参考文献

[1] Daly M J. Death by protein damage in irradiated cells[J]. DNA Repair, 2012, 11(1): 12–21.

[2] Hashimoto T, Horikawa D D, Saito Y, et al. Extremotolerant tardigrade genome and improved radiotolerance of human cultured cells by tardigrade-unique protein[J]. Nature Communications, 2016, 7: 12808.

[3] Koutsovoulos G, Kumar S, Laetsch D R, et al. No evidence for extensive horizontal gene transfer in the genome of the tardigrade Hypsibius dujardini[J]. Proceedings of the National Academy of Sciences, 2016, 113(18): 5053–5058.

[4] Lu H, Wang L, Li S, et al. Structure and DNA damage-dependent derepression mechanism for the XRE family member DG-DdrO[J]. Nucleic Acids Research, 2019, 47(18): 9925–9933.

[5] Nakamura T, Zhao Y, Yamagata Y, et al. Watching DNA polymerase η make a phosphodiester bond[J]. Nature, 2012, 487(7406): 196–201.

[6] Pavlov A K, Kalinin V, Konstantinov A, et al. Identification of Martian biota using their radioresistance ability and specific isotopic composition[J]. EAEJA, 2003: 11784.

[7] Slade D, Radman M. Oxidative stress resistance in *Deinococcus radiodurans*[J]. Microbiology and Molecular Biology Reviews, 2011, 75(1): 133–191.

[8] Tanaka S, Tanaka J, Miwa Y, et al. Novel mitochondria-targeted heat-soluble proteins identified in the anhydrobiotic tardigrade improve osmotic tolerance of human cells[J]. PLoS One, 2015, 10(2): e0118272.

[9] 国家航天局 . 首次火星探测任务 [EB/OL].[2022-6-1](2022-7-5)http://www.cnsa.gov.cn/n6758824/n6759009/n6760412/c6840460/content.html.

[10] 国家航天局 . 天问一号任务着陆和巡视探测系列实拍影像发布 [EB/OL]. [2021-6-27] (2022-7-5) http://www.cnsa.gov.cn/n6758824/n6759009/n6760412/n6760413/c6840437/content.html.

[11] Ding L, Zhou R, Yu T, et. al. Surface characteristics of the Zhurong Mars rover traverse at Utopia Planitia[J]. Nature Geoscience, 2022, 15(3): 171-176.

[12] Liu Y, Wu X, Zhao Y Y S, et al. Zhurong reveals recent aqueous activities in Utopia Planitia, Mars[J]. Science Advances, 2022. 8(19): p.eabn8555.

人类要实现在火星上驻留的梦想首先要解决的问题是什么？当然是如何生存的问题。只有创建和发展火星农业，为人类提供生存所必需的食物、O_2和水，才能实现人类在火星上长期驻留的梦想。

火星农业是高度集成化、智能化，生物技术与微电脑技术交叉整合的系统工程，是未来先进农业发展的方向，是人类走向深空的生命生态保障。

火星农业技术的研究也必将促进地球农业的发展。地球是我们永远的家园，在发展空间技术的同时，要始终牢记保护我们的地球！

第五章

火星农业

郑慧琼　中国科学院分子植物科学卓越创新中心

一、研究火星农业的必要性

尽管目前人类的足迹所至之处已从地球延伸到太空，从在地表研究生命活动到空间站 / 月球探索生命，从离地 3km 到 380000km，但是这远远不够。人类还有更大的梦想，还要走得更远。

诚然，宇宙环境是严酷的，高真空、高辐射、微重力的环境无法让人类长期生存。就算是目前有推论表明，火星是太阳系中与地球环境最为相似的行星，但是那里现在到底还是“蛮荒之地”，人类又该如何在太空中生存？ 2019 年 2 月 5 日上映的《流浪地球》似乎给了人们一些启示。它的时间设定在 2075 年，讲述了太阳系即将毁灭，已经不适合人类生存，面对绝境，人类开启“流浪地球”计划，试图带着地球一起逃离太阳系，寻找人类新家园的故事。这个想法很好，但是这在现实生活中真的可行吗？这部科幻影片的最后都没能展示除地球外，人类还能在哪个星球上生存。主角觉得带着地球太麻烦了，也不太可能带着，还是带上植物靠谱。毕竟人类有了粮食，就能勇闯天涯。

科学家因此提出了火星农场（Agriculture on Mars 或 Martian Agriculture）的概念。从地球到火星往返至少需要 2.5 年。只有建立火星农场，为火星探测和移民提供生存所必需的食物、O_2 和纯净水，才能最终实现人类在火星上长期工作和生活的愿望。

二、地球农业

从古至今，农业的开拓和发展一直是地球人类生存的重中之重。在有据可考的1万年前的新石器时代，农业的原始雏形就已经产生了。当时，主要以打猎为生的原始居民才得以逐渐定居在可种植的土壤周边，发现各类可食用作物进行留种保存。这在一定程度上缓解了人类因捕猎成果难测而饥一顿饱一顿的生存窘境。农业的发展为人类提供了充足的食物、木材、花卉以及饲养动物所需的饲料，并逐步改善了地球的生态环境，使地球成为人类富足和温暖的家园。随着农业由原始到传统再到现代的发展，人类得以空前地繁荣发展并成了地球的主宰，同时极大地促进了工业和航天技术的发展。当然，随着太空探索技术的进步，未来的太空农业也许会让若干无人星球变成人类的种植园抑或家园，地球文明慢慢地演变成星际文明。这也是可以期待的，毕竟人类已经开始计划登陆火星了，开发利用其他星球或许也不是无稽之谈（图5-1）。

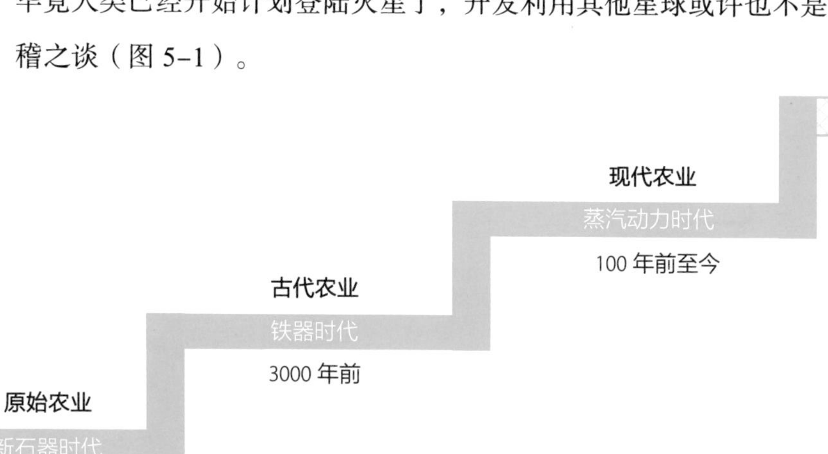

图5-1 农业的发展历程与技术进步

人类要在太空生存和发展，就必须“创造”太空农业。首先我们要研究现代农业，通过相互比较发现两者的不同点，再予以创新。现代农业的优势主要体现在技术和能源两个方面：生产工具的不断改良与创新，可使用能源范围的不断扩大和拓宽。这有助于现代农业劳动生产率的显著提高。当然，目前可获得的农作物品种也是相对高产、优质的，再辅以改良的先进农艺技术、专业化的组织管理体系以及高效便捷的生产包装流水线，现代农业可谓空前繁荣。众所周知，现在太空中，大部分是真空环境，最多只有很稀薄的空气，所以将来会出现或者已经冒头的太空农业一开始就要在人造环境中进行。这也意味着这个人造环境必须拥有高度集成化、信息化、智能化、生物技术与微电脑技术交叉整合的生产技术，工厂化的生产方式。只有这样，太空农业才能在宇宙的各个星球上“落户扎根”。

三、火星环境与地球环境的差异

为了保证人类在太空的生存和发展，科学家又比较了月球、火星与地球的环境差异。除了地球，火星是人类研究最多的一个行星，但是其实我们对火星的了解并不算多。毕竟人类还没有踏上火星，对于这片未知土地真实环境的认识仍然十分有限。仅仅是几个火星探测器带来的信号图样和陨石，并不足以使人类真正了解这颗“荧惑”星。现在，在地球上发现了一些陨石，科学家初步判断来自火星，但是还需要进一步确认，也有可能来自其他星球。随着人类对火星的不断探索，肯定会有更多的新发现。但是就现有的一些信息可知，火星在太阳系里是最接近地球的一个行星；一年折合地球日来算有约 687 天；也有四季变化；重力较小，约是地球的 0.38 倍；大气很稀薄，O_2 含量极低，CO_2 含量较高（图 5-2）。由此可以推断，人类能够在火星上带着 O_2 瓶轻快地行走，在环境受控的温室中，植物能够在火星上直立生长，利用 CO_2 进行光合作用并茁壮成长。

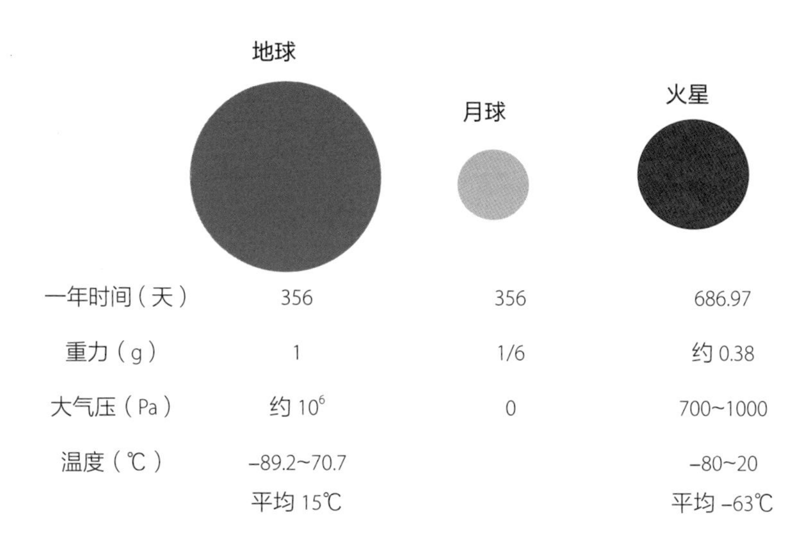

图 5-2　地球、月球和火星的一些信息比较

那么，火星土壤的成分是怎么样的呢？它能否保证植物的扎根、农作物的生长？据报道，火星土壤含 Fe 量极高，主要是以 FeO 的形式存在；含 S 量也很高，约是地球上的 100 倍，易使植物中毒；K 含量较少，约是地球上的 1/5；火星上还没有有机物（表 5-1）。地球植物体中的化学元素共有 70 多种，主要成分有 35 种。目前，火星土壤中的一半以上的成分已经确定，化学元素的含量差异非常大，整体环境条件比地球还是要恶劣得多（图 5-3）。

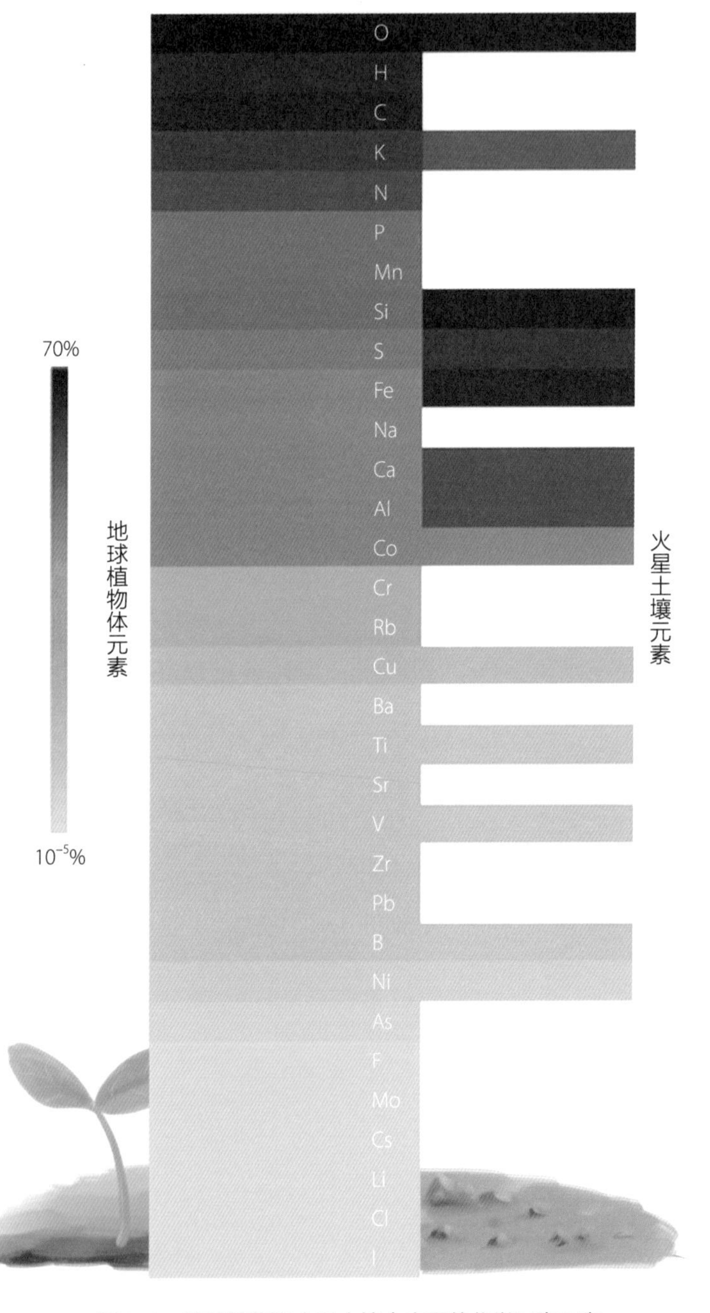

图 5-3　地球植物和火星土壤中主要的化学元素示意

表 5-1　地球、月球和火星土壤成分的差异

土壤成分	地　球	月　球	火　星
矿物质	占 45% 包含硅酸盐、磷酸盐、硫酸盐、氯化物、氧化物和氢氧化物等	包含 SiO_2（50%）、^{3}He、^{20}Ne、^{21}Ne、^{22}Ne、^{38}Ar 等核素，还有 Si、Al、K、Ba、Li、Fe、Au、Ag、Pb、Zn、Cu、Sb、Rb 等	包括 O（50%）、Si（15%~30%）、Fe（12%~16%）、Mg、Ca、S、Al、Sb，其他还有 P、Ta、V、Cr、Mg、Co、Ni、Cu、SiO_2、Al_2O_3、Fe_2O、SO、CaO
有机质	占 5% 包含 N、P、K、S、Ca 等，还有微量元素	无	无
空气	占 12%	稀有气体	无
水分	占 38%	无	无

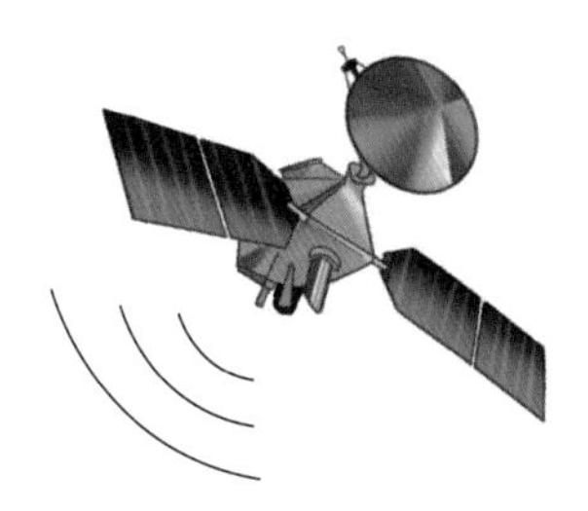

所以，只了解火星土壤中存在某些元素还不够，农作物能否吸收、利用这些元素才是重中之重（表 5-2）。如果人类的“食粮”——动植物不能吸收和利用火星上的包括 H、N、C、Na、O、K、Ca 和 Mg 等在内的常见元素，那么动植物就无法在富含 FeO 的红色土壤中生长或生存。火星的地表没有水，虽然在两极发现了可能盐含量很高的冰湖，但是不能被植物直接利用。因此，根据目前的环境，人类是无法在火星上生活很久的。其中一个重要原因就是火星土壤不利于农业生产。这就需要大力改造，那我们该如何去改造呢？

表 5-2　地球植物生长发育必需的化学元素

元素分类	元素	化学符号	植物利用的形式	占干物质的比例（%）
大量元素	氢	H	H_2O	6.0
	碳	C	CO_2	4.0
	氧	O	O_2、H_2O	45.0
	氮	N	NO_3^-、NH_4^+	1.5
	钾	K	K^+	1.0
	钙	Ca	Ca^{2+}	0.5
	镁	Mg	Mg^{2+}	0.2
	磷	P	$H_2PO_4^-$、HPO_4^{2-}	0.2
	硫	S	SO_4^{2-}	0.1
微量元素	氯	Cl	Cl^-	10^{-2}
	铁	Fe	Fe^{2+}、Fe^{3+}	10^{-2}
	硼	B	H_3BO_3	2×10^{-3}
	锰	Mn	Mn^{2+}	5×10^{-3}
	锌	Zn	Zn^{2+}	2×10^{-3}
	铜	Cu	Cu^{2+}、Cu^+	6×10^{-5}
	镍	Ni	Ni^{2+}	10^{-4}
	钼	Mo	MoO_4^{2-}	10^{-5}

四、火星农场的建造

1. 火星农场建造的两个阶段

建造火星农场的第一阶段也是最重要的一步是载人登陆。主要的工作内容：搭建封闭温室，安装太阳能获取装置，并对火星环境进行空气、水和土壤的改造，重中之重是将载有“先锋生物”和有益微生物[①]的“诺亚方舟”落地火星，并进行种植和扩增。生物改造环境的力量是巨大的。地球也是因为生物的出现，才变得生机勃勃。如果“先锋生物”运气好，登陆上去了，再辅以一定的土壤改良剂[②]对整个火星环境进行持续改造，那么人类踏上火星的步伐将会进一步加快。

火星农场建造的第二阶段是第一阶段改良后的系统集成，将形成可循环和可持续的密闭生态系统，为火星居民提供食物、干净的空气、水、花卉、纤维和木材。第二艘“诺亚方舟”将把一些谷类作物和蔬菜种子从地球运往火星，一些高产、优质、可口、抗逆性好以及耐贮藏的农作物品种将会被选育出来（表 5-3），并运往火星。这些作物在火星（人类建造的温室环境，图 5-4）的生长过程中，也会逐渐获得遗传和发育上的适应性，并不断优化，成为火星居民不可或缺的食粮。

2. 火星农场建造的三个步骤

第一步是农场选址。要选择阳光比较充足、辐射小、土层较薄，最好周围比较容易获得地下水的地域。虽然火星表面的水不能直接被利用，但是我们可以通过净化改造加以利用。建议最好不要选土层稍厚或者土块岩石比较多的地方。

① 先锋生物包括绿藻等石灰藻类、螺旋藻、绿肥作物。有益微生物包括光合细菌、根瘤菌、硝化细菌、反硝化细菌、异养细菌和高温厌氧细菌等。

② 土壤改良剂包括保湿剂、泥炭藓（土壤膨松剂）。

表 5-3 适合火星农场种植的植物种类

作物	产量（$kg/1000m^2$）	生产周期（月）	提供能量（kcal/100g）	单位种植面积所需能量（$2000kcal/d/m^2$）	蛋白质含量（g/100g）	氨基酸评分（分）	繁殖方式
水稻	526	4.0	356	130	6.8	64	风传粉
小麦	280	7.0	337	451	10.6	42	风传粉
大豆	367	3.5	417	139	35.3	86	昆虫传粉
荞麦	106	2.5	364	394	12.0	100	昆虫传粉
藜麦	178	3.0	403	254	13.4	85	风传粉
土豆	3000	3.0	76	80	1.6	73	营养繁殖
红薯	3180	5.0	150	64	0.9	83	营养繁殖
木薯	7000	11.0	160	60	1.4	52	营养繁殖

注：1kcal≈4.184kJ，后面不再换算。

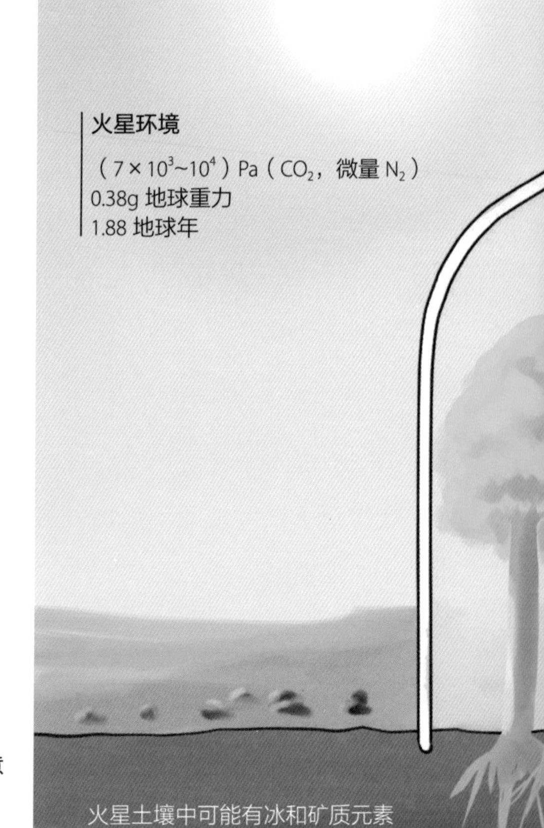

图 5-4 火星温室示意

第二步是实地调查和制定方案。在选址完成后，派遣无人探测器实地调查、检测选址的气候、土壤、阳光等环境情况，并根据获得的勘测数据制定建造火星农场第一阶段和第二阶段的方案。

第三步就是真人劳动力登场。航天飞船载人登陆火星，制定火星农场建造方案，开始第一阶段的搭建封闭温室，安装太阳能获取装置，改造火星环境。待第一阶段结束以后，就正式开始了火星农业。

也许在不远的将来，在我们现有的基础之上，以上提到的每一步、每一个阶段都将实现。这也是我们首先要完成的事。只有建成这样一个“美丽”的火星农场，人类才能在火星上存活下来。

五、受控生态生命保障系统

最近的几十年，科学家对火星的研究也有许多。其中，具有代表性的就是美国NASA提出的登陆火星三步走计划（图5-5）。第一步是地球依赖阶段。一开始，我们站在地球表面，只能用望远镜看一看火星的大致轮廓。第二步是近地试验阶段。我们建造近地轨道空间站，进入近地轨道试验场阶段。第三步是火星登陆阶段。我们向火星发射一些空间飞行器，收集相关信息，使后续的登陆阶段更加顺利。

图5-5　人类登陆火星的三步走战略

原本，美国NASA计划在2030年完成第三步，但按照目前的进度，可能有点困难。

对火星农场更准确的描述应该是受控生态生命保障系统。20世纪60年代初，人类载人航天技术开始兴起，经过50多年的深入探索和研究，取得了长足的发展。载人航天，从最初的近地轨道单人短时间飞行，发展到现阶段中远距离的多人飞行。人类未来航天事业的发展趋势必然是逐步实现长时间、远距离、多成员的载人深空探索，乃至建立永久性的火星基地等长远目标。受控生态生命保障系统相关技术所积累的宝贵数据和丰富经验，将为实现这些目标打下坚实的基础。

受控生态生命保障系统是为了帮助人类在长时间远离地球的外太空环境下生存，仿造地球生物圈的基本结构和功能，在结合空间科学、生态学、生物技术和环境科学等学科知识的基础上进行人工设计、建造的密闭微生态循环系统。在此系统中，绿色植物或具有光合作用的微藻，通过光合作用将光能转化成化学能储存在有机物中，为人类提供食物和O_2，同时将人类呼吸产生的CO_2和其他生理废物转化成有用产品，由此构成受控生态生命保障系统的碳循环和氧循环。与此同时，绿色植物的蒸腾作用又可以通过植物自身的组织结构完成水的净化，从而实现系统内部水分的循环利用。系统中的固体废物，包括作物的不可食用部分及人类的排泄物等，则可以通过固体废物处理系统进行处理，以保证固体废物的无害化以及物质元素的循环利用，提高密闭系统中物质流的闭合度，从而实现整个受控生态生命保障系统内食物、O_2、水分和其他物质元素的循环再生，为长期的空间活动提供有力的后勤物质保障，减少空间的补给需求，降低运行成本。

目前，科学家已在空间试验中研究了多种植物（表5-4），包括食用植物，如洋葱、韭菜、生菜、西红柿、油菜、小麦和水稻等；观赏植物，如兰花、郁金香和玫瑰；模式植物，如拟南芥和水稻。其中，拟南芥是研究最为全面和深入的植物之一。由此可见，未来很长时间内，空间植物的试验种类仍将是模式植物和粮食植物并存的情况。

表 5-4　用于空间研究的培养设备和植物品种

飞行器	培养箱名称	植物种类	发射年份（年）
“礼炮 1 号”空间站（Salyut 1）	绿洲 1 号（Oasis 1）		1971
“礼炮 4 号”空间站（Salyut 4）	绿洲 1M（Oasis 1M）	亚麻、韭菜、洋葱和大白菜	1974
“礼炮 6 号”空间站（Salyut 6）	绿洲 1AM（Oasis 1AM）	豌豆和洋葱	1977
“礼炮 7 号”空间站（Salyut 7）	绿洲 1A（Oasis 1A）		1982
“礼炮 6/7”空间站，“和平号”空间站（Salyut6/7，Mir）	植物培养系统（Vaxon）	洋葱、郁金香、卡兰乔	1973
“礼炮 6 号”空间站（Salyut 6）	植物培养箱（Malachite）	兰花	1973
“礼炮 6/7 号”空间站（Salyut 6/7）	重力生物反应器（Biogravistat）	黄瓜、生菜和芹菜	1976
“礼炮 6/7 号”空间站（Salyut 6/7）	磁生物反应器（Magnetobiostat）	生菜、大麦和蘑菇	1976
“礼炮 7 号”空间站，“和平号”空间站（Salyut 7，Mir）	植物培养系统（Svetoblok）	西红柿	1982
“礼炮 7 号”空间站（Salyut 7）	植物箱（Phyton）	植物箱 -1: 洋葱、黄瓜、西红柿、大蒜、胡萝卜、拟南芥和矮小麦 植物箱 -2：豌豆和小麦 植物箱 -3：拟南芥	1982
“和平号”空间站（Mir）	空间植物温室（SVET）	萝卜、大白菜和油菜	1995
“和平号”空间站（Mir）	空间植物温室（SVET–GEMS）	矮小麦	1995
美国航天飞机（STS）	植物生长单元（PGU）	拟南芥和矮小麦	1982
美国航天飞机（STS）	植物生长设备（PGF）	拟南芥和油菜	1997
美国航天飞机（STS）	空间培养箱（ASC）	玫瑰	1992
国际空间站（ISS）	高级空间培养箱（ADVASC）	拟南芥和大豆	2001
国际空间站（ISS）	生物质生产系统（BPS）	小麦和油菜	2002
国际空间站（ISS）	空间植物温室（Lada）	芥菜和豌豆	2002
国际空间站（ISS）	欧洲模块培养系统（EMCS）	拟南芥	2006
国际空间站（ISS）	植物实验单元（PEU）	拟南芥	2009
国际空间站（ISS）	高级生物研究系统（ABRS）	拟南芥	2009
国际空间站（ISS）	EGGIE 食物生产系统（VEGGIE）	生菜、大麦和蘑菇	2014
中国返回式卫星（SJ-8）	小型密闭培养箱	中国青菜	2006
中国返回式卫星（SJ-10）	高等植物培养箱	拟南芥和水稻	2016
中国“天宫二号”空间实验室（TG-2）	高等植物培养箱	拟南芥和水稻	2016

为了制造这一未来的生存空间，在到达近地轨道的时候，人类就已经在地面上建造了大量的类似系统。比如，20 世纪 70 年代苏联的 Bios-3 封闭生态循环系统；20 世纪 90 年代美国的“生物圈 2 号”、美国行星生物再生生命保障系统试验综合体（Bioregenerative Planetary Life Support Systems Test Complex，BioPlex）以及日本的微型地球。如今，欧洲航天局正在西班牙建造微型人工生态生命保障系统（Miniature Artificial Ecological Life Support System，MELISSA）；我国的北京航空航天大学建立了“月宫一号”，深圳市太空科技南方研究院也建立了“绿航星际”受控生态生命保障系统集成试验平台。该试验平台的密闭舱由乘员舱、生物舱、生保舱、资源舱 4 类 8 个舱段组成，包括环境控制、循环再生、测控管理 3 类 14 个子系统，占地面积为 $370m^2$，总容积为 $1340m^3$，具备开展多人 1 年以上受控生态生保保障系统集成试验研究的能力。作为受控生态生命保障系统的技术难点之一，如何在有限的空间内将这些固体废物高效、环保和低能耗地转化为目标产物，成为各航天大国在该领域的研究重点。各国的科学家都想用自主研发的生命生态保障系统模仿地球的生态环境让人类居住，但是地球的生态环境是经过亿万年的演化逐渐形成的，是能够自我调节、自行净化的。这个人工系统即使有森林、海洋、山脉和湖泊，短时间内还是达不到这个效果的。

六、总结与展望

火星农业是集航天技术、机器人、人工智能与合成生物等多种新型技术为一体的系统工程，是保障人类长时间离开地球，能够在火星基地生活和工作的必需手段。另外，火星农业技术的发展也必将促进地球农业的发展。

植物通过光合作用吸收CO_2，产生食物、O_2和干净水，是火星农业的关键环节。因此，要发展火星农业首先要充分研究和掌握空间植物培养技术。

火星农场的建立可分为两个阶段。第一阶段：将空气、水和土壤从地球上运送到火星上，建立一个小型试验性有压力的温室，控制系统可以采用地球上的常用技术；第二阶段：建立可持续的火星农场，主要是利用火星上原有的资源，可以通过让居住在火星温室中的人员进行生产来实现。

地球是我们永远的家园，在发展空间技术的同时，要牢记始终保护地球！

参考文献

[1] Zheng H Q. Flowering in space[J]. Microgravity Science and Technology, 2018, 30(6): 783–791.

[2] Zheng H Q, Han F, Le J. Higher plants in space: microgravity perception，response，and adaptation[J]. Microgravity Science and Technology, 2015(27): 377–386.

[3] 郭双生 . 美国长期载人航天生命保障技术研究进展 [J]. 中国航天，1996, (6): 36–39.

[4] 李攀 . 地基受控生态生命保障系统固体废物高温氧化处理技术研究 [D]. 燕山大学，2016.

[5] 腾月 . 在太空舱中种地 [J]. 科技潮，2013(4): 54–57.

[6] 郑慧琼 . 微重力环境下的植物生长 [J]. 科学，2017, 63(3): 12–15.

[7] 郑慧琼 . 植物生长在太空 [J]. 科学世界，2016(5): 8–11.

[8] 郑慧琼 . 空间飞行的植物生物学效应 [M].// 孙喜庆，姜世忠 . 空间医学与生物学研究 . 西安：第四军医大学出版社，2010: 52–58.

生物钟的一个令人惊叹之处在于它们可以
预测天体的运动
——克劳斯·霍夫曼（1982年）

第六章

空间环境下的生物节律

郭金虎　中山大学生命科学学院

一、生物节律的方方面面

早在远古时期，人们就已经注意到：罗望子、含羞草等植物的叶片在白天张开、夜晚合拢；猫头鹰夜间出行捕食，白天休息……生物的各种行为随着昼夜的变化而变化。这些都是生物节律的表现形式。古人早就对生物节律有了古朴的认识。据传，在尧帝时期，有人写了一首《击壤歌》："日出而作，日落而息。凿井而饮，耕田而食。帝力于我何有哉。"这首诗在文学史上被认为是中国的第一首诗歌，前两句所描绘的就是远古时期人们日常作息的节律。由此可见，在远古时期，人们就已经认识到了顺应环境周期生产和休息的重要性。

到了现代社会，由于工作、生活节奏加快，压力增大，人们常常要面临节律紊乱的困扰。在现代化的工业化社会里，有 20%~30% 的人经常要上夜班、轮班工作或者跨时区旅行，从而导致不同程度的节律紊乱。节律紊乱对人们的健康影响很大。因此近年来，对生物钟的研究受到越来越多的关注（图 6–1）。

1. 含羞草实验揭开了生物钟研究的序幕

那么是谁最先开展生物钟研究的呢？这就不得不提到法国天文学家兼生物学家让 – 雅克・奥托斯・迪马伦（Jean-Jacques d'Ortous de Mairan）。他拿含羞草做了一个生物节律研究领域的开创性实验。

众所周知，含羞草的叶片在白天张开，夜晚合拢，并且按照 24h 的昼夜周期开合叶片。迪马伦做了一个实验：他把含羞草放到一个黑暗的柜子里，让含羞草不再能感受到光；同时也在窗台上放了一株能正常照到光的含羞草作为对照。在这种情况下，黑暗柜子里的含羞草是否仍然按照这种 24h 的周期来打开和合拢叶片，还是会因为感受不到光而一直保持叶片合拢的状态？实验结果表明，柜子里的含羞草和能正常照光的含羞草张开与合拢叶片的时间几乎是同步的。每到夜晚，柜子里的含

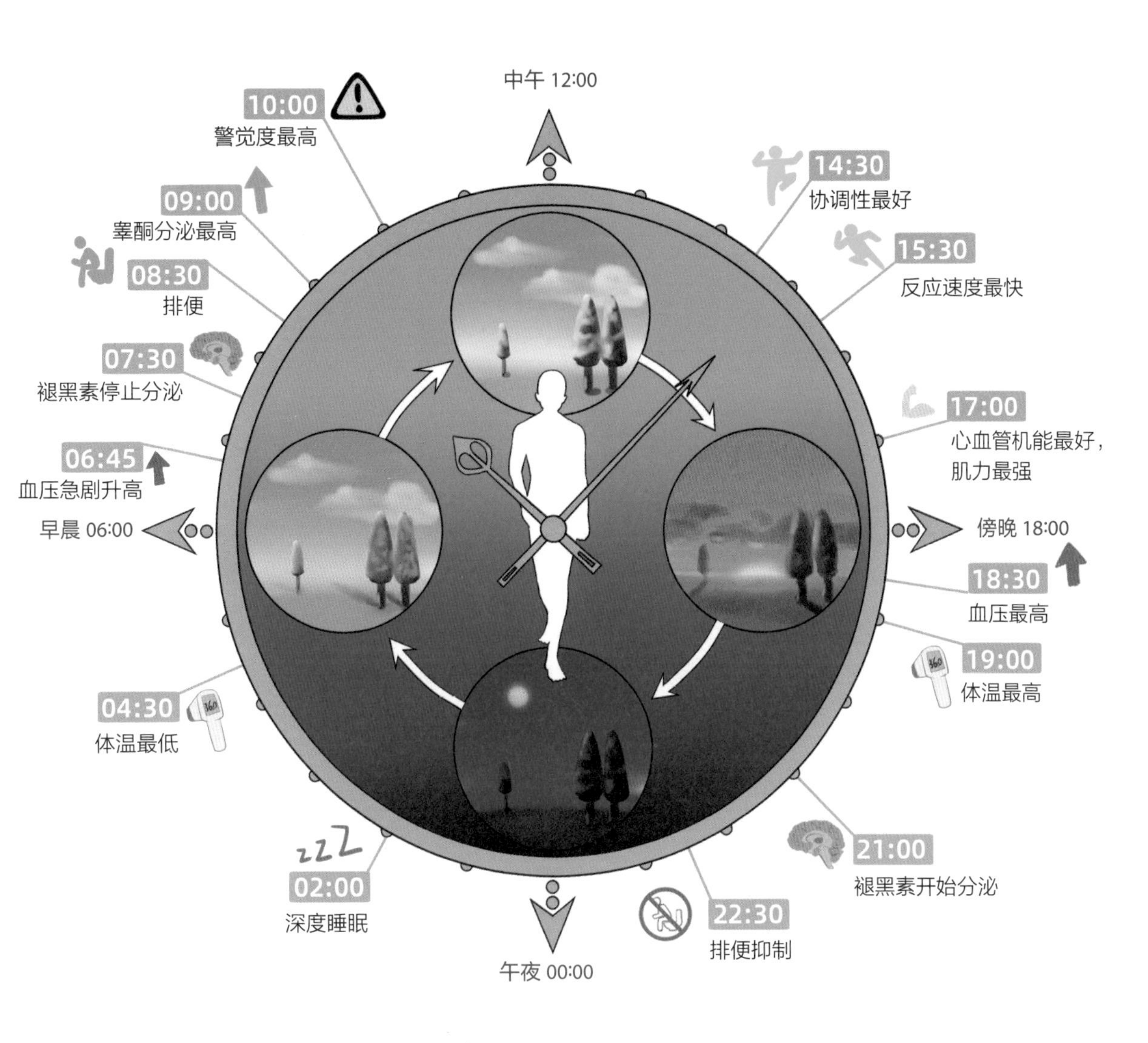

图 6-1　生物钟调节人体诸多生理过程与行为

羞草好像知道外面的时间一样，叶子合拢；到了白天，叶子又打开（图 6–2）。

由此可见，即使把含羞草放在黑暗不见光的地方，它仍然能够感知到这种昼夜周期的变化，仍然能够表现出接近 24h 周期的节律。这个实验表明含羞草叶片的昼夜规律运动并非由外界光照变化引起的，不是植物对光照周期性变化产生的应激反应，而是一种内在机制。也就是说，这个实验表明生物节律具有内源性和自主性特征。

图 6–2 在持续黑暗的环境里，含羞草叶片仍然表现出运动节律

注：A. 白天窗台上的含羞草；B. 夜晚窗台上的含羞草；C. 白天柜子里的含羞草；D. 夜晚柜子里的含羞草。

2. 生物节律具有内在运行特征

众所周知，我们生活的环境，不论是自然环境还是社会交际环境，周期都是24h。与此相适应，地球上其他大部分生物的生理和行为都具有24h的周期，这种节律称为昼夜节律。正常条件下，人类的生物节律周期为24h，但如果我们长期生活在黑暗的山洞里，处于光照、温度相对恒定的条件下，大多数人的生物节律周期就会变成25h。也就是说，会慢慢地偏移一点点，其他很多生物在恒定条件下，节律也会稍微偏离24h。这种节律称为近日节律，即恒定条件下表现出来的周期大约为24h，但不是准确的24h。

（1）在恒定环境下，生物节律依然可以进行

生物节律的内源性表现在节律并非受光照等外界条件驱动，即使屏蔽这些外部条件的干扰，生物节律依旧会运转。就像实验中的含羞草叶片，即使在光照恒定的条件下，依旧表现出白天张开、夜晚合拢的24h周期性。生物节律的自主性也表明，生物只有在其节律与外界周期接近或相同的环境里才能生存，否则将难以适应。生物节律的内源性赋予了生物更好适应环境周期的能力，可以预测环境的变化。譬如，在日出前，植物凭借自己的内源生物钟已经预测到再过几个小时会天亮，已经开始合成光合作用所需的酶；当天亮后，它们就已经准备就绪，可以吸收和转化太阳的能量了。如果生物钟不具有内源性，那么植物就没有预测能力，当太阳升起后才开始合成光合作用所需的酶，就会耽误时间、影响效率。

（2）生物节律可以调整，以应对环境变化

生物节律的可设置性非常重要，这种调节主要是指节律的相位。正是因为生物节律具有可调节性，生物才能够在一定范围内适应环境的改变。例如，当我们坐飞机去异国旅行时，会受时差的折磨，但是经过几天的时间就可以调整过来。如果我们体内的节律是不可设置的，那么我们永远都摆脱不了时差带来的痛苦。

生物节律具有重要的生理功能，对人体的生理、认知反应及情绪反应等各个方面

都具有广泛的影响。在生理方面，生物钟会影响人的睡眠、痛觉和冷觉等感觉、患心血管疾病和肿瘤的风险、代谢、对疾病和病毒感染的免疫能力等；在认知反应方面，生物钟会影响人的注意力、记忆力和执行功能；在情绪反应方面，生物钟会影响人的感觉状态、压力和行为。因此，如果人体的生物节律受到破坏，将会对人的健康造成很大的负面影响。节律紊乱的影响会进一步表现在生理水平上，比如，导致人的睡眠出现障碍、肿瘤发生率增加、代谢紊乱、免疫力下降、寿命缩短。除了影响这些生理水平的指标，它还会影响人类的情感和认知。由此可见，生物节律紊乱带来的影响非常广泛，几乎没有一个生理过程，不受到生物节律直接或者间接地调节。

导致生物节律紊乱的因素有很多，包括环境因素、遗传因素和生理因素等。环境因素包括倒班、时差；遗传因素是指生物钟基因突变或多态性；在各种生理因素当中，衰老会导致生物钟机能衰退。此外，神经退行性疾病等病理因素也会导致节律紊乱。

（3）生物节律的周期不易受环境温度的影响

温度补偿性是指生物节律在较大的温度变化范围之内，其周期可以保持相对稳定。这一特性保证了变温动物和植物生物节律的稳定，不会因为气温的突然变化而周期紊乱。这对变温动物和植物生物节律适应多变的环境、保证节律的正常运行有重要的作用。

3. 生物钟如何受基因调控

通过以上概述，我们认识到生物钟对包括人类在内的地球上几乎所有生命的重要性。那么，生物钟是如何工作的呢？

2017年诺贝尔生理学或医学奖获得者杰弗里·C.霍尔（Jerry C.Hall）、迈克尔·罗斯巴什（Michael Rosbash）和迈克尔·欧文（Michael Young，图6–3）3人的研究，揭示了动植物及人类保持生物节律的内部机制。3位科学家的团队几乎同时克隆出了果蝇的生物节律调节基因——*period*，并随着其他相关基因的发现与深入研究，最终提出了转录翻译负反馈回路（Transcription Translation Feedback Loop，TTFL）的调节机理。这种调节机理在不同物种当中都高度保守。简单来说，在基因水平上，生物钟由正调节元件和负调节元件组成。这些正、负调节元件也就是生物钟基因。正调节元件具有转录因子的功能，可以激活负调节元件的基因转录。负调节元件经转录、翻译成的蛋白产物可以反过来抑制正调节元件的功能。激活负调节元件的基因转录作用就会被抑制，负调节元件也会逐渐降解。降解后，正调节元件又可以重新开始激活负调节元件的转录，开启了新一轮的调控。每一轮调控间隔的时间大约都是24h，因此可以产生分子水平24h周期表达节律的变化，进而调节下游基因的表达节律，最终影响各种生理活动和行为24h周期的节律变化。也就是说，一方面生物节律由生物体内的生物钟产生，受到基因的调节；另一方面，生物钟也调节体内众多基因的表达，大约调节人体基因组40%的蛋白编码基因。

图6-3　2017年诺贝尔生理学或医学奖获得者：杰弗里·C.霍尔（A）、迈克尔·罗斯巴什（B）和迈克尔·欧文（C）

二、生物钟与环境适应

1. 除了昼夜节律，其他生物节律也很重要

地球上的生物不仅存在昼夜周期的节律，还存在潮汐节律、月节律和季节节律，是由地球及其临近星球的周期变化演化出来的。例如，地球绕太阳的公转会产生季节节律，也就是常说的春夏秋冬；月球对地球的引力会产生潮汐，沙滩上奔跑的招潮蟹就受其影响；月亮绕地球运转一周约需 28 天，称为一个月周期。在各种环境周期中，对地球上的各种生物生存活动影响最大的，便是由地球自转产生的 24h 昼夜周期。地球自转导致每日的光照、湿度、温度随着时间的变化而变化。这些环境因子的变化都是以 24h 为一个周期。因此，为了更好地生存下去，生物不得不适应这种昼夜变化。为了适应这种昼夜周期，各种生物演化出生物钟调节系统，调节自己的生理与行为，以适应环境的昼夜更替。

（1）受潮汐周期影响的眼虫藻

潮汐节律对于海洋生物来说较为常见。我们可以通过美国科学家约翰·D. 帕尔默（John D. Palmer）所做的眼虫藻实验，来了解潮汐节律。眼虫藻是一种单细胞生物，它的活动受潮汐节律的影响。

在英国做博士后期间，帕尔默所在的研究所附近有一个铁索桥，耸立在入海口附近。帕尔默时常跑到桥上去看大海的潮起潮落。那时，英国的工业污染比较严重。每次退潮以后，河底黑色的淤泥就露出来了，散发出难闻的气味。有一次，帕尔默注意到每当退潮时，刚开始海边露出的滩是黑色的，但在之后短短的十几分钟之内，河滩就会从黑色变成绿色。当过了十几个小时再次涨潮时，他发现，本来是绿色的河滩，又变回了黑色，每日都是如此。这种现象让帕尔默产生了强烈的好奇心。于是，他穿着长筒靴、皮裤子，忍着臭味跑到河滩上面，采了一些泥土样品，放在实验室

的显微镜下观察，以探究是什么东西导致了滩涂的颜色变化。结果在其中发现了大量的眼虫藻。

眼虫藻怎么会导致滩涂的颜色发生规律性地改变呢？经过观察与实验，帕尔默发现，眼虫藻能够“感知”到潮起潮落。当退潮时，眼虫藻就从泥沙中钻出来；当涨潮时，它们又从沙滩的表面钻到泥沙下面。因为这种眼虫藻的数量非常多，所以当它们一起从沙滩下面钻到表面时，就会呈现出大片绿油油的颜色；当它们一起钻到泥沙下边去时，河滩又呈现出原本的黑色。由此可见，眼虫藻的节律运动导致了河滩颜色的改变。帕尔默发现这个规律以后，就把眼虫藻放在实验室的培养皿里培养。他发现，实验室中培养的眼虫藻，即使没有潮起潮落，也依旧按照每天海边涨潮时的节律，钻到培养皿的泥沙之下，露出淤泥呈现出黑色；退潮时，大量的眼虫藻又跑到培养皿的表面，所以看起来是绿色的，仿佛可以感知时间。因此，这个培养皿过一段时间看起来是绿的，再过一段时间看起来又是黑的。

眼虫藻生活在浅滩上，需要进行光合作用才能生存。所以，眼虫藻在退潮以后，必须从河滩里面钻到表面进行光合作用；在涨潮之前，又要钻到泥沙下面，否则会被潮水冲走。因此，正是为了适应潮起潮落的潮水周期，眼虫藻演化出了涨潮时钻入泥沙、退潮时钻出泥沙的潮汐节律。

（2）涡虫的定向能力与月球节律有关

涡虫是一种再生能力极强、倾向于避免强光的生物，会表现出月球节律的行为特征。科学家为了测量涡虫的定向能力，将它们放在培养皿的中间。由于涡虫比较怕光，所以当从下方和右侧都放置电筒给以光照时，涡虫就会游向左上方。它所跑方向的角度随时间的不同而不同。有人连续做了 4 年的涡虫定向实验，最后发现涡虫避光泳动方向的夹角与月亮的变化有关（图 6-4）。在望月，也就是阴历每月十五的时候，涡虫避光泳动的角度比较小；到朔，也就是每月三十的时候，这一角度就变得比较大了。由此可知，涡虫爬过角度的夹角变化明显受到这种月球节律的影响。那么，月球节律到底是通过什么来影响涡虫定向能力的呢？一种可能性是月

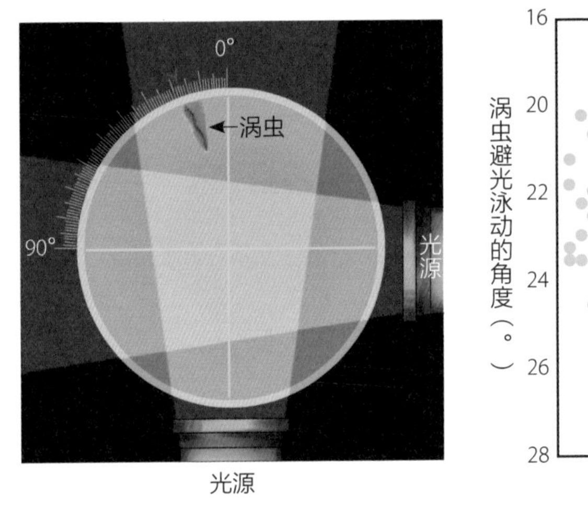

A

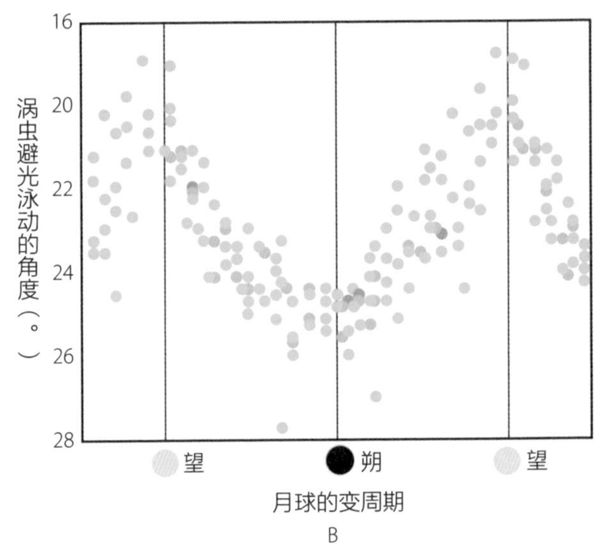

B

图 6-4　涡虫的月节律研究实验示意

注：A. 涡虫避光性及其运动角度的测量，把涡虫放置在圆形培养皿的中间，右边和下边各有一个光源，红色箭头表示涡虫的运动方向；B. 涡虫避光泳动角度的月球节律；图中为连续 4 年的观察数据。

光的变化。但经过实验发现，即使把涡虫放在不见月光的室内，涡虫仍然会表现出这种节律。

科学家又做了这样一个实验：把一个磁铁放在培养皿下，磁铁的 N 极朝上，观察涡虫的移动方向与角度；然后又把磁铁旋转了 90°，再看涡虫的定向能力。结果发现，涡虫行进的角度发生了明显的改变。这就意味着磁场的改变可能会对涡虫的定向能力产生影响。也就是说，月球引力对地球磁场的影响可能会对涡虫的定向能力产生调节作用。这个实验也说明了，很多环境因素都会对生物的节律产生影响。

以上提到的多个实验可以进一步反映出，地球上所有的生物节律实际都是生命对其所在星球转动周期的适应。在地球上如此，在其他星球上应该也如此。既然生物节律是生物对所在星球环境的一种适应，那么当人类到达火星，甚至以后走出太阳系，面对和地球完全不一样的环境周期时，已经完全适应了地球环境周期的我们以及我们想要携带的动植物，还能否适应新的星球呢？

2. 生物节律让生命更好地适应环境

前面我们讲了生物节律的定义、特点以及相关的一些实验。接下来，我们再看几种生物的生物节律，以便我们可以更加直观地了解生物节律是如何让不同生物适应环境以更好生存的。

（1）发光蘑菇吸引昆虫的策略

有一种发光的蘑菇 *Neonothopanus gardneri*，不论白天黑夜都在发光，但是白天因为阳光比较强，无法看到它发出的光。到了晚上，就可以观察到它发出的绿色荧光。通过检测它发光的强度，发现它具有昼夜节律特征：夜晚的发光强度比较强，白天则比较弱。在 29℃和 21℃温度下，发光蘑菇的发光周期大约都是 24h，说明它的生物节律具有温度补偿特征。

那么这种发光蘑菇为什么要发光？有人为了研究这种蘑菇发光的生物学作用，设计并制作了一个发光二极管（Light Emitting Diode，LED）灯泡。LED 灯泡发光的频率和蘑菇一致，都是 525nm 的绿光，二者的波长也相同。到了晚上，实验人员把 LED 灯泡放到树林里，并在这个树下设置了一个陷阱。如果有虫子过来，就会掉入陷阱。一天后，实验人员统计 LED 灯泡和蘑菇旁边陷阱里的虫子数量。结果发现，被蘑菇吸引最多的为双翅目昆虫，然后是膜翅目昆虫；而被 LED 灯泡吸引的昆虫，虽然最多的也是双翅目的，其次是膜翅目的，但是总的来讲，LED 灯泡吸引的昆虫要比野生蘑菇的少很多。由此可见，发光蘑菇可以很好地吸引昆虫。

那么蘑菇吸引昆虫干什么用呢？在草原上风力很强的地方，风可以把孢子带到很远很远的地方，所以蘑菇传粉非常容易。但是在树林中，由于高大树木的遮挡，森林里的风很小，蘑菇只能通过昆虫传粉。因此，这种蘑菇在夜晚发出比较强的光，是为了吸引昆虫前来帮它传播孢子。它的发光节律就是一种适应环境的表现。

（2）夏威夷短尾乌贼与细菌共生

我们再来看另外一个例子。很多鱼都是肚皮颜色偏白色，鱼背颜色比较暗。其实，这是一种保护色。在白天，当在海面从上往下看时，由于鱼背的颜色较深，和深处海水的颜色相近，很难被发现；当在海中从下往上看时，白色的鱼肚子跟天空的颜色比较接近，也很难被发现。但是在夜晚，如果一条鱼趴在水底。当它的头顶上游过去一条鱼时，不管肚皮是黑的还是白的，月光都会投下一块黑影，就很容易被天敌发现。

夏威夷短尾乌贼则很聪明地依靠生物节律解决了这个问题。这种乌贼的“肚子”（外套膜腔的发光器）里有一种与它共生的细菌——费氏弧菌。这种细菌可以发光。夏威夷短尾乌贼可以通过晚上让细菌发光，来躲避天敌。它可以调节体内细菌的数量，白天“肚子”里基本没有细菌，晚上就多起来。它白天藏在沙子里，夜晚跑出来游动。在水里游动时，它控制细菌发出和月光相似强度的光，这样就很难被天敌发现。夏威夷短尾乌贼通过这些节律性的生理活动和细菌的互作来保护自己。

（3）蓝藻与环境的生物钟谐振

生物钟与环境适应关系密切。为了证明这个观点，科学家把生物放到与地球昼夜周期截然不同的环境里（也就是环境周期不再是24h），观察生物的生存、繁衍能力。如果生物的环境适应能力减弱，说明它们的生物钟是有利于适应24h环境周期的；反之则说明，生物钟对于适应24h环境周期是不利的。

根据化石/叠层石证据，地球上最早的生命可能出现在35亿年前，蓝藻也称为蓝细菌，可能是地球上最早出现的生物。它们可能很早就具有了生物钟。美国的一个科研团队做了一个有趣的实验：把不同的蓝藻混合起来，观察它们谁更能适应环境。例如，他们选用了两种生物节律周期不同的蓝藻，一种的周期是23h，另一种是25h。他们把这两种蓝藻按照等比例（1:1）混合，在不同的条件下培养。一种条件为光照和黑暗比为11:11，即黑暗11h、光照11h交替循环。这就相当于一天不再是24h了，而是缩短为22h。在这种条件下培养27天以后，生存下来的几乎都是周期为23h的蓝藻。相反，他们把两种蓝藻混合后，给以15h光照、15h黑暗的光暗循环条件，即相当于一天延长为 30h。培养 27 天以后，他们发现周期短的蓝藻变得非常少，周期长的却存活了下来，并占据了优势（图 6–5）。

在这个实验里，无论蓝藻的内源周期是长还是短，总是在与环境周期接近时才生存得最好，这与物理学中的谐振现象类似。

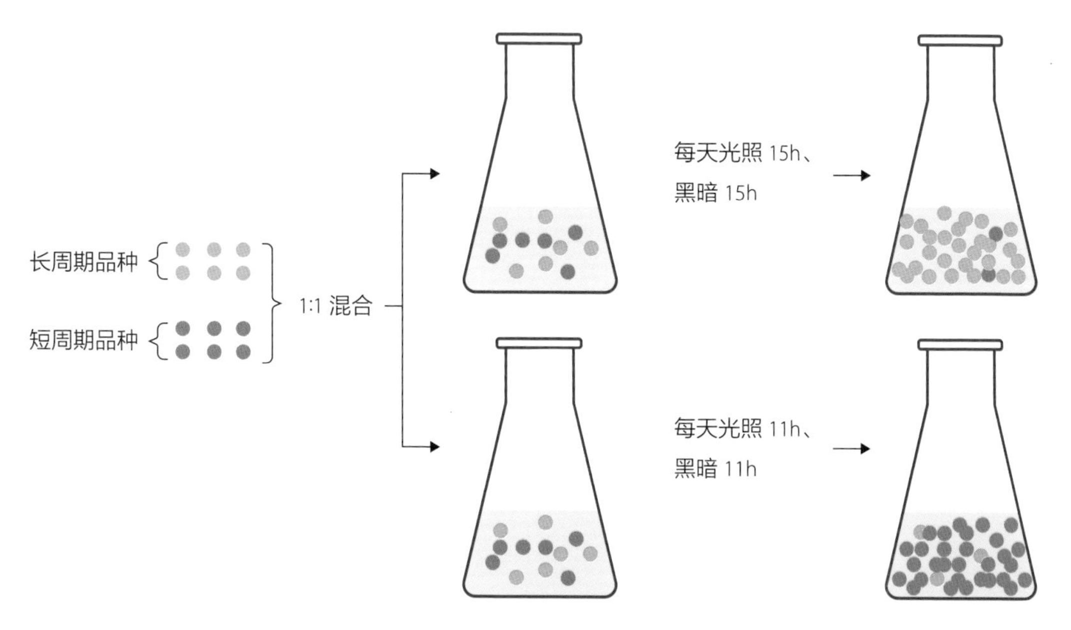

图 6–5 不同品种蓝藻适应不同周期的实验示意

注：蓝藻其实都是绿色的，这里用黄色和绿色只是表示两种蓝藻的生物钟周期不同。

（4）生物钟是生物为了适应 24h 环境周期演化而来的

我们再来看看西红柿在不同光暗周期下生长情况的试验。在正常的 24h 光照周期下，西红柿的长势很好。但如果把光照环境变成 6h 光照、6h 黑暗，或者是 24h 光照、24h 黑暗等非 24h 周期，西红柿苗就会长得很矮小，产量也会明显减少。

生物钟不仅会影响细菌（蓝藻）和植物的生存，也会影响哺乳动物的生存。例如，人为破坏地松鼠的视交叉上核，也就是破坏了它们的生物节律，然后将它们再放回自然界，会导致其被捕食的概率大大增加。

通过蓝藻和西红柿的实验可以看出，生物钟对于地球上的生物适应 24h 的昼夜周期非常重要，这一点对于我们人类也是如此。这些实验也启发我们：人类的生物节律周期为 24h，那么在特殊环境下或者在那些周期不是 24h 的星球上，我们还能否适应并生存？

三、特殊环境下的生物节律

地球上存在很多的特殊环境，如南北极、黑暗的洞穴、极高温、极低温以及极端的社会环境等。在特殊环境下，生物节律是如何改变的呢？举个例子，地球上有些黑暗的、常年不见光的洞穴，即使在这样的洞穴里依旧存在着生物。有一种斑马鱼的近亲安氏坑鱼，就在这种黑暗的山洞里生活了几万年之久。生活在正常条件下的斑马鱼是有生物节律的，周期约为两天。然而，在黑暗洞穴中的安氏坑鱼却没有节律可言。因为长期生活在这种黑暗条件下，没有外界的昼夜周期变化。它就不再需要这种节律了，这也是一种演化，是对环境的一种适应。但这也引发了我们的思考，如果将正常条件下的斑马鱼放到这种极端条件下足够长的时间，其生物节律是否也会消失？如果可以，是不是就说明生物节律可以通过后天的调整而改变呢？

再来看另一种极端环境下的生物——北极的驯鹿。驯鹿常年生活在北极，在极昼极夜期间，24h 的昼夜周期被打破。以实验室的小鼠为对照，小鼠细胞的生物钟基因表达具有明显的节律，但是在极夜期间，从北极驯鹿身上取出细胞检测其生物钟基因，发现它并没有明显的节律。此外，北极地区的一些果蝇也没有明显的生物钟节律，节律的丢失或许是这些生物适应北极环境的一种策略。

以上实验都可以说明，生物节律是生物经过长期演化而来的，和周围环境密切相关。如果生物处于一个没有节律周期的环境里，其生物节律就有可能丧失。这些生活在极端环境下生物节律消失的现象，促使我们思考环境是如何影响生物钟起源与演化的。如果将地球的环境推广至其他星球，那么对于地球上的生物来说，它们的节律能否适应地外环境呢？

四、空间里的生物钟研究

苏联科学家奥斯坦丁·齐奥尔科夫斯基（图 6-6）曾经讲过："地球是人类的摇篮，但是人类不能永远只生活在摇篮里。"这就是我们要探索火星的原因。不仅仅是火星，我们还要探索太阳系，探索无穷无尽的宇宙。空间环境与地球环境相差很大。比如，国际空间站内的环境因子跟地球相差巨大，重力基本上是 0，光照和温度条件也不同……我们需要探索这些环境因子对生物节律的影响，从而进一步探索如何在生物节律的层面上去适应那里的环境。

图 6-6　齐奥尔科夫斯基照片

注：他听力不好，手里拿着的是一个长长的助听器。

1. 空间站上的甲虫节律

当地球上的生物到达空间，生物节律会因为空间宇宙环境的不同而发生哪些变化呢？苏联科学家曾把甲虫发射到空间站上。结果发现，在空间站中，甲虫的生物节律发生了很大的变化。那么，这具体是由太空中的什么因素导致的呢？有人研究了重力条件，发现在没有重力和正常重力的条件下，甲虫的生物周期没有发生很大变化，接近 24h。但是在两个单位量的重力条件下，周期就变长了。这个实验明确地表明了，重力的改变会对生物节律产生影响。此外，光照、辐射、温度以及宇宙中的其他未知环境都可能影响生物节律。这些问题都是需要我们去不断探索的。

2. 航天员的生物节律紊乱

从甲虫实验可知，地球上的生物到宇宙中，生物节律会因为宇宙中许多环境因子的不同而改变。在太空环境里，人的生物节律也会发生明显的改变，进而影响航天员的健康以及他们的作业能力。有统计数据表明，在国际空间站里，航天员吃得最多的是用来缓解空间运动病的药。因为在没有重力的条件下，肌肉会迅速萎缩，骨质会迅速流失。排在第二位的是治疗睡眠障碍的药，占比达到了用药的 45%，而头痛、背痛、鼻窦充血等情况所用药的占比约为 8%（图 6–7）。国际空间站曾对 3 个长期在轨的航天员做了研究调查，研究他们睡眠周期的变化。经过研究统计发现，航天员存在睡眠紊乱的情况。正常人的睡眠周期、时长是较为稳定的，但这 3 个航天员经常出现睡眠不规律、睡眠时长明显不足的情况。这说明，他们会经常经历这

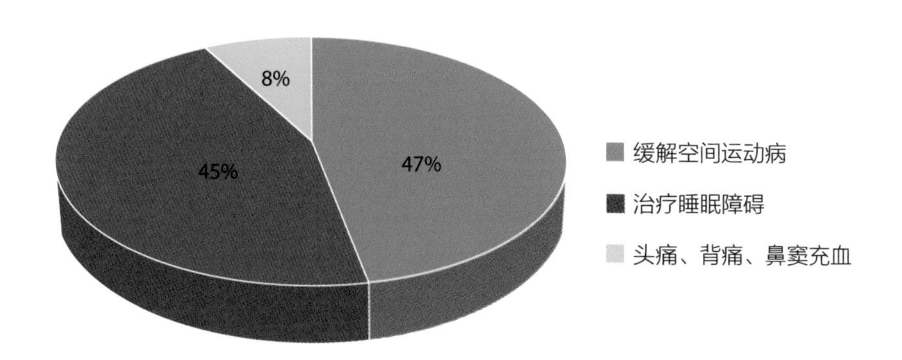

图 6–7　在国际空间站里，航天员常用的药物情况

注：数据来自对 219 位航天员用药情况的统计。

种节律紊乱，进而导致他们出现睡眠障碍，并引发一系列健康问题。这些情况甚至会影响他们的工作效率，所以如何克服生物节律紊乱是航天员所要面临的重要挑战。

有研究人员研究了航天员在宇宙飞船发射前、在轨期间以及返回后的睡眠时间变化情况。在发射前 90 天，航天员每天睡 6h 多一点；到发射前 11d 时，由于紧张、训练加大等原因，每天的睡眠时间只有 6h；在轨期间，每天的睡眠时间也是只有 6h；但在返回地球后，其睡眠时间延长至接近 7h 了，这比发射前每天的平均睡眠时间还要长。由此可知，在轨期间，航天员的睡眠时间是普遍不足的。这主要是由生物节律紊乱造成的。

很多的实验表明，生物在偏离 24h 一定范围的周期下，自身周期也可以变得与环境同步，节律周期与环境周期相同。对于不同生物来说，这个范围是不同的。当外界环境周期超出这一范围，生物的节律就无法与环境保持同步，从而对节律或健康产生严重的干扰。

有实验表明，人的生物节律只能适应 22~29h 的周期范围。也就是说，从理论上来讲，当环境周期在这个范围内变化时，人基本上是可以通过自身的调节适应环境的。人的周期可以在这个范围内随着环境的变化而改变，如果超过这个周期就无法适应了。那么是不是只要在这个调节范围之内，人就可以调节得很好呢？在火星这种周期大约只比 24h 快 39min35s（太阳日）的环境中，人是不是也能很好地调节适应火星的环境呢？实际上并非如此，因为虽然从表面上看，人类的生物节律周期能够适应非 24h 的环境，但一旦这种正常的生物节律被破坏，人的生理心理健康还是会遭到很大程度的损伤。

在美国 NASA 下属的喷气推进实验室（Jet Propulsion Laboratory，JPL）“探路者号”火星车及火星探测器任务中，地面工作人员都经历了生物节律失同步化和睡眠障碍的困扰，认知和作业能力也受到影响。“索杰纳号”火星漫游车原本要执行 3 个月的任务，但由于地面工作人员的生物节律紊乱等问题，不得不在 1 个月后就不再按火星时间进行操纵和控制。

美国发射在火星表面的“凤凰号”火星探测器，在火星的白天出来工作，在夜晚则不工作。由于火星的自转周期比地球慢约 40min，所以在美国 NASA 管控的火星探测器上的研究人员，为了快速接收火星探测器发回来的信号，他们的生活作息需要与火星探测器的工作时间相吻合。他们每天的生活就不再是 24h，而是每天约 24.6h，比地球上多了近 40min。调查表明，连续两个多月，在总共 19 名的工作人员中，有 87% 的人号称他们能够适应火星的这种昼夜周期，剩下 13% 的人说自己无法适应火星的这种节律。因此，即使相差一点点，也有人难以适应。那么，87% 的数字看起来是不是还很乐观？是不是就表明大部分人能适应这种生物节律的变化呢？实际情况并非如此，科学家发现，对这 87% 可以适应火星周期的人来说，他们每天的睡眠时间只有 6h 左右。也就是说，他们虽然生物节律能够跟得上火星周期，但是实际上睡眠是出现了障碍的。这个实验也提醒我们：如果登陆火星，我们的生物节律能否适应，应当是首先需要考虑的重要问题之一。

我国也发射了“天问一号”火星探测器（图 6–8），并开始酝酿登陆火星的计划，在这一计划的筹备与实施过程中，也应当重视生物节律问题。中国航天员科研训练

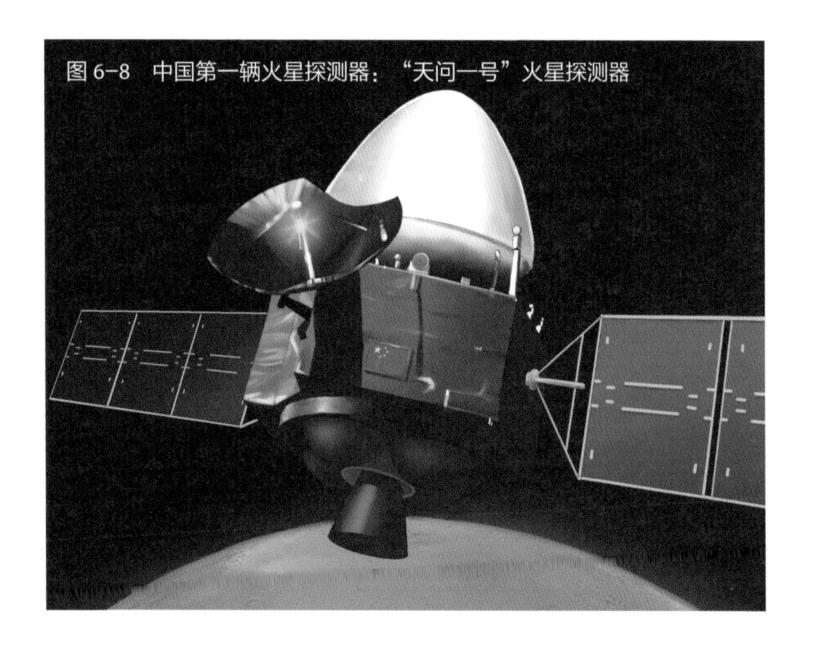
图 6–8　中国第一辆火星探测器：“天问一号”火星探测器

中心等单位曾经组织开展了为期180天的受控生态生命保障系统集成试验。其中，有1个月每天的光照、黑暗周期模拟了火星的24h39min35s周期。我们对其中一名参试志愿者出版的日记《飞舟日记——“太空180”试验》进行了分析，发现模拟火星环境周期可能会导致人的负面情绪有所增加。这一研究表明，对于未来登陆火星的人们来说，适应火星的昼夜周期可能是一个挑战。

不仅仅是火星自转周期，辐射、温度等许多因素也会导致生物节律的改变。研究火星上的环境，了解其对地球生物节律的影响并寻找相应的解决办法，是我们移民火星之前必须要做的准备。虽然人们已经开始重视生物节律，并且针对生物钟及其基因调控做了大量的探索与研究，但是还有大量的未解之谜等待我们揭开。

人类将火星确定为继月球之后下一个登陆的目标星球，是因为它是离地球最近，且最有可能被改造成适合人类生活的行星。如果不考虑距离，在宇宙中自然存在着比火星更适合人类生存的星球。比如，前几年发现的TRAPPIST-1星系。这个星系中就有非常多的适宜人类生存的环境，尤其是距离其恒星由内到外第三至第五颗行星。这3颗行星的环境和地球非常相似，人类未来也许可以考虑移居到这3颗行星上面去。但这3颗行星也有一个巨大的问题：这个星系中的7颗行星全部被潮汐锁定了。它们有一面永远是朝着它们的恒星，这就造成了这些行星的一面永远是白天，而另外一面永远是夜晚。那么，如果未来我们去到这些星球上，我们的生物节律能否适应呢？如果在这些星球上发现生物，这些生物是有节律，还是没有节律的呢？

这些问题的答案都在等待我们去揭示。相信随着研究的不断深入，在我们登陆火星甚至宇宙中更遥远的其他星球后，能够解决未来进行空间探索时所面临的生物节律失调以及其他重要问题，从而在这些地方生存下来。

除了微重力和光照周期因素，火星的其他环境因素也可能影响生物节律。我们近期在按照火星土壤配制的模拟火星壤上种植拟南芥，结果发现拟南芥生长缓慢，并且生物节律出现明显异常。在补充可吸收的铁元素后，拟南芥的生物节律有所恢复。除了土壤因素，火星的大气压和空气成分等因素也都可能对生物节律产生影响。

参考文献

[1] Bell P D, Cassone V M, Earnest D J, et al. Circadian rhythms from multiple oscillators：Lessons from diverse organisms[J]. Nat. Rev. Genet., 2005, 6(7): 544−556.

[2] Bertolini E, Schubert F K, Zanini D, et al. Life at high latitudes does not require circadian behavioral rhythmicity under constant darkness[J]. Curr. Biol. 2019(29): 3928−3936.e3.

[3] Ditty J L, Mackey S R, Johnson C H. Bacterial Circadian Programs[M]. Berlin: Springer-Verlag Berlin Heidelberg, 2009: 19−37.

[4] Fifel K, Videnovic A. Circadian alterations in patients with neurodegenerative diseases：Neuropathological basis of underlying network mechanisms[J]. Neurobiol. Dis., 2020(144): 105029.

[5] Foster R G, Hughes S, Peirson S N. Circadian photoentrainment in mice and humans[J]. Biology (Basel), 2020, 9(7): 180.

[6] Guo J H, Qu WM, Chen S G, et al. Keeping the right time in space: Importance of circadian clock and sleep for physiology and performance of astronauts[J]. Mil. Med. Res., 2014, 21(1): 23.

[7] López-Otín C, Kroemer G. Hallmarks of health[J]. Cell, 2021, 184(1): 33−63.

[8] Lu W, Meng Q J, Tyler N J, et al. A circadian clock is not required in an arctic mammal[J]. Curr. Biol. 2010(20): 533−537.

[9] Zhao Y, Luo R, Zhang H, et al. The effects of simulated Martian regolith on Arabidopsis growth, circadian rhythms and rhizosphere microbiota[J]. Plant & Soil, 2024, (2024). https://doi.org/10.1007/s11104-024-06970-7.

[10] 郭金虎 . 生物节律与行为 [M]. 北京：国防工业出版社，2019：221−253.

[11] 郭金虎 . 生命的时钟 [M]. 上海：上海科技教育出版社，2020：69−78，201−208.

[12] 郭金虎 . 走出地球的生命 [M]. 上海：上海科技教育出版社，2024: 269−288.

[13] 郭金虎，徐璎，张二荃，等 . 生物钟研究进展及重要前沿科学问题 [J]. 中国科学基金，2014，28(3)：179−186.

[14] 徐小冬，谢启光 . 植物生物钟研究的历史回顾与最新进展 [J]. 自然杂志，2012，35(2)：118−126.

[15] 杨惠盈，仝飞舟，马晓红，等 . 自然语言处理工具分析 180 天复合环境因素对 1 名志愿者情绪影响的个案研究 [J]. 航天医学与医学工程，2021，34(3)：222−228.

当你照镜子时，是否会想镜中的自己也真实存在吗？答案可能是否定的。但是在日常生活中，一个物体与它的镜像却可能同时存在。并且它们对外界的响应可能是不一样的，尤其是与人体密切相关的药物和食物分子。一个可能是有益的，另一个却可能是有毒的。

本章将带你领略自然界手性之谜以及手性药物和食物对人类健康的影响。

第七章

手性之谜与人类健康

黄少华　宁波大学新药技术研究院、天体化学与空间生命—钱学森空间科学协同研究中心

一、手性之谜

1. 神奇的自然界

在自我观察或欣赏自己的左右手时，你会发现左右两只手是非常对称的，就像一个物体与它的镜像一样！但是你却不能使自己的左右双手在空间上完全重合。这个关于一个物体不能与它的镜像相重合的现象叫作“手性”。手性现象在自然界中广泛存在，能够利用手性描述的事物也多姿多彩。例如，天体级别的星系旋臂、行星自转，日常生活中的大气气旋、植物蔓藤，尺寸比较小的矿物晶体，分子水平上的有机和无极分子；此外，还有电磁场、弱相互作用的宇称不守恒；等等。下面介绍一下自然界中各种各样神奇的手性现象吧！

（1）植物

仔细观察可以发现，许多植物的叶、花、果实、根茎等都具有手性现象，并且是通过螺旋的形式体现出来的。关于螺旋的手性，我们可以利用下面的方法进行判断：伸出一只手，让大拇指指向螺旋的轴向（不必计较哪是生长方向），另外 4 个指头握拳，于是由手掌到 4 个指尖有一“前进”方向。如果螺旋前进方向（不要求是生长方向，但要求与大拇指方向一致）正好与伸出的左手相符，那么此螺旋为左手性的；反之，如果与右手相符，则为右手性的。根据这一方法，我们可以判定常见的胡瓜为右旋的（图 7–1A），紫藤是左旋的（图 7–1B）。达尔文、华莱士等博物学家和生物学家都曾给予宏观上的生物手性现象大量关注。例如，达尔文就写过《攀缘植物的运动和习性》（*Movement and Habits of Climbing Plants*）一书，书中描述了约 42 种攀缘植物。其中，多数藤本植物茎蔓的螺旋是右手性的，只有 11 种具有左手性。

图 7-1　右旋的胡瓜（A）和左旋的紫藤（B）

（2）动物

当你在海边玩耍时，你会发现沙滩上贝壳的螺纹大都是从顶端起始、以顺时针方向分布，这种贝壳称为右旋贝。科学家发现，绝大多数贝壳都是右旋的。这究竟是怎么回事呢？有没有花纹是逆时针分布的贝壳呢？事实上，左旋贝是有的，不过概率只有罕见的百万分之一。如果你能收集到左旋螺壳，一定不要随意扔掉，那可是稀世珍品（图 7-2A）！同样，蜗牛的贝壳也存在左旋和右旋两种形状，具有左旋贝壳的蜗牛也是非常稀少的（图 7-2B）。

图 7-2　左旋和右旋的海螺（A）和左旋和右旋的蜗牛（B）

（3）微观世界

手性其实是生物的一种基本属性，对生物的生存具有非常重要的意义。生物外观表现的手性特征是生物的整体特征，其必然是由生物内部的微观结构所引起的。因此，探索生物内部微观结构的手性现象更具有意义，有助于我们揭开生命的神秘面纱。例如，DNA 是由两条反向平行的多核苷酸链相互缠绕形成一个右手的双螺旋结构（图 7–3A），DNA 螺旋的解旋和复制演奏着世界上最美妙的生命乐章；甚至是微小的电子自旋也有左旋和右旋之分（图 7–3B）；此外，人工合成的手性介孔材料中也存在着左旋和右旋之分（图 7–4）。

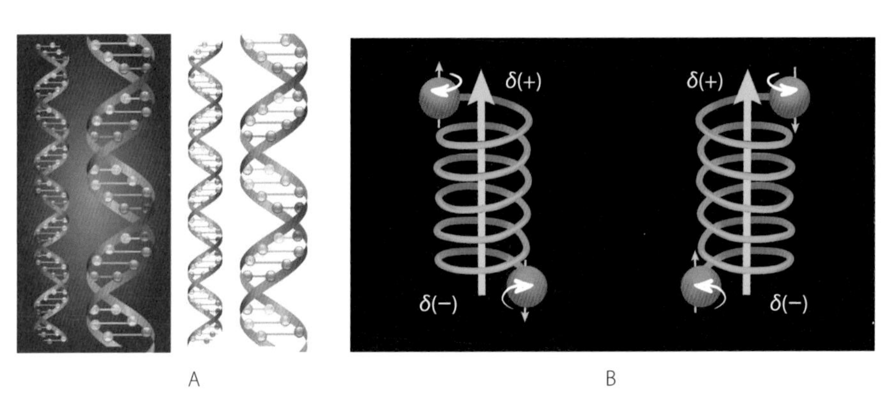

图 7–3　微观世界的 DNA 双螺旋结构（A）和电子的自旋（B）

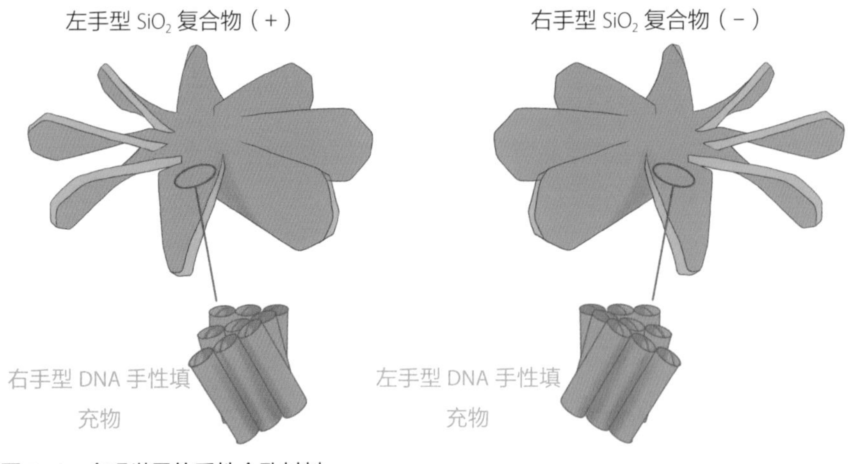

图 7–4　介观世界的手性介孔材料

（4）建筑及洋流星云

日常生活中，你也许会惊叹于自然界的对称之美，许多建筑、造型艺术、绘画以及工艺美术的装饰也都有着完美的对称性和壮观的手性现象。比如，旋转的楼梯以及像 DNA 双螺旋结构般的高楼大厦（图 7–5A 和 B），为我们的世界增添了另一种美。此外，自然界中的洋流（图 7–5C）和星云（图 7–5D）也存在着神奇的手性现象。

总而言之，从微观到宏观、从微小粒子到宇宙空间，自然界处处都存在着神奇的手性现象（图 7–6）。因此，手性现象是非常值得人类关注和研究的。

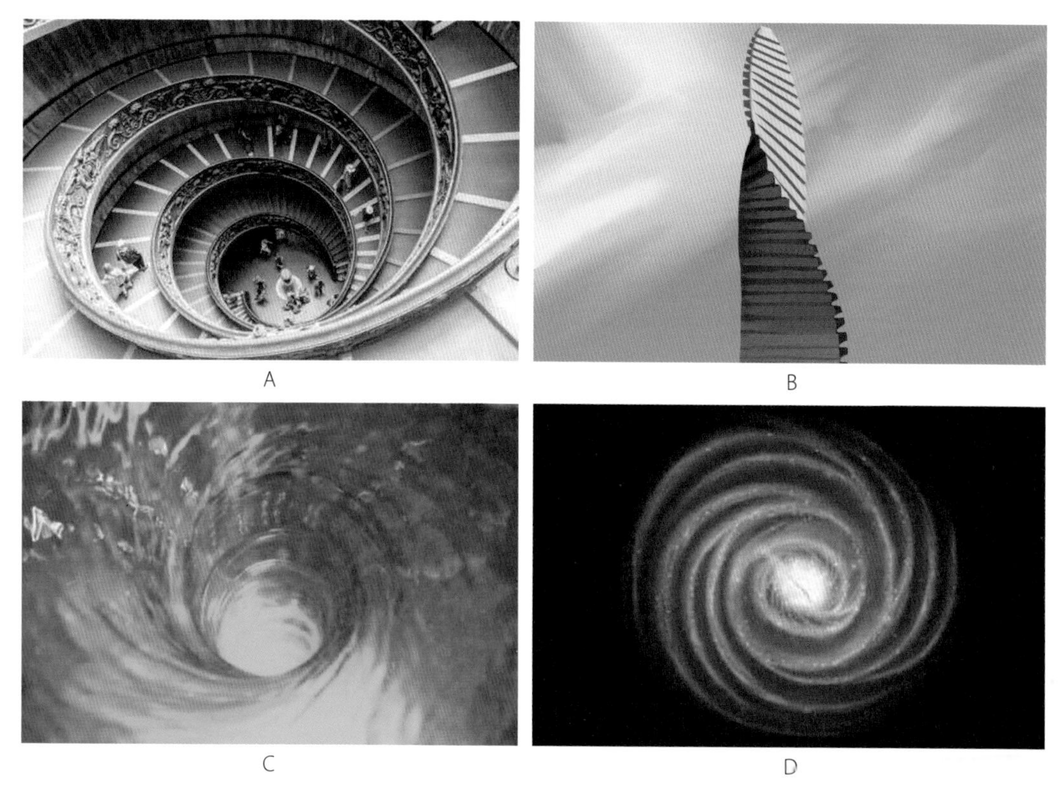

图 7–5　宏观世界的建筑（A 和 B）、洋流（C）和宇观世界的星云（D）

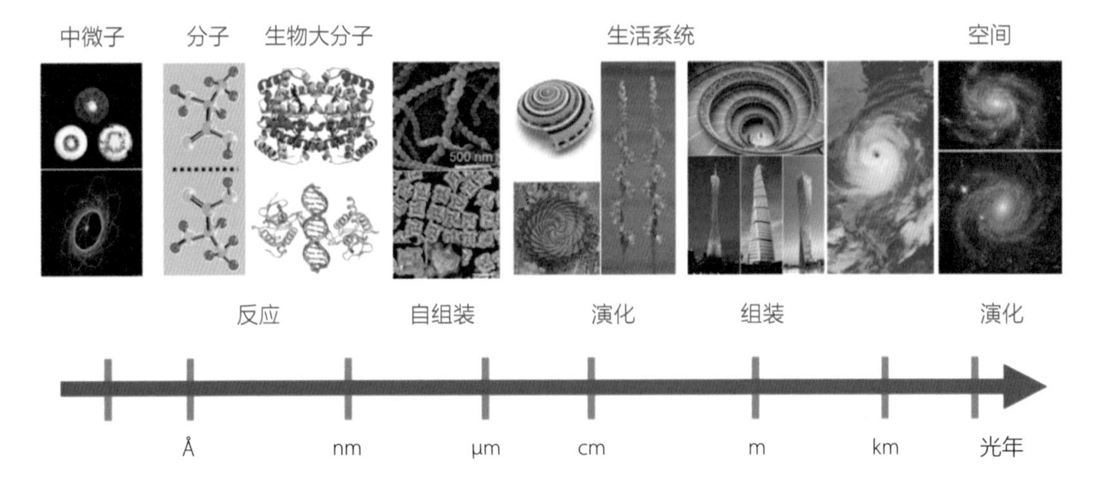

图 7-6　不同尺度的微观和宏观手性现象

2. 手性的概念

手性的英文是 chirality，词源来自希腊文词“kheir”，意思是“手”。这个词最早被大名鼎鼎的开尔文勋爵引入科学领域，用以描述不能同自身镜像完全重合的空间结构（图 7-7）。现如今，我们普遍用“手性”一词来描述那些具有天然旋光性的分子、晶体或者其他化学结构。手性的存在是自然界中的一种普遍现象，在有机化学、药物化学以及生物化学等领域已经司空见惯。

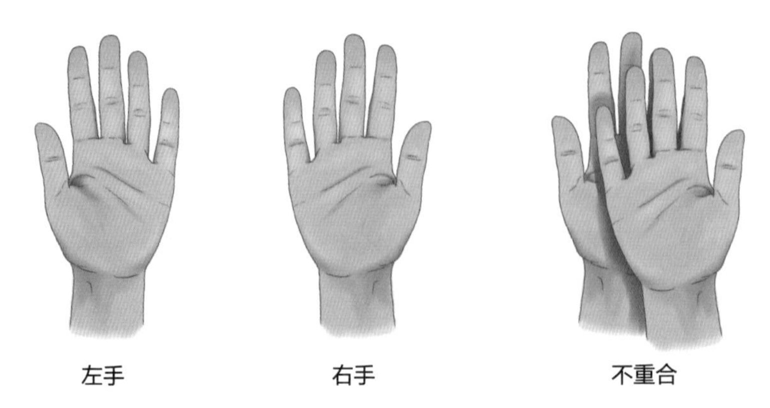

图 7-7　手性概念示意

3. 手性现象的发现——化学历史上最美丽的实验之一

1848 年，法国伟大的科学家路易斯·巴斯德（Louis Pasteur）发现，外消旋酒石酸铵钠盐能从其饱和溶液中析出互为镜像的两种晶体，并根据晶体形状的不同，借助镊子和放大镜成功地将其分离（图 7–8）。这一工作不仅奠定了立体化学的基础，而且还衍生出了一个重要的手性分离方法——巴斯德拆分，又称分级结晶拆分。这项简单又重要的实验被誉为化学历史上最美丽的实验之一。

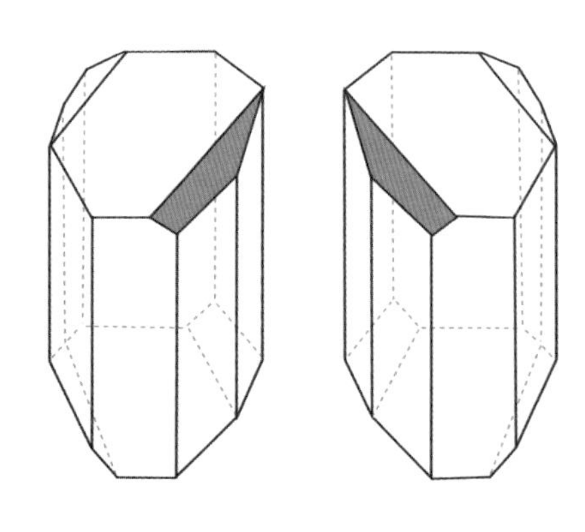

图 7–8 互为镜像的结晶体

注：在溶液中，酒石酸铵钠盐的一种结晶体能够使光右旋，另一种则使光左旋。当这两种结晶体混合在一起时，则没有旋光现象。

4. 手性的起源

自从发现手性现象以来，科学家就一直在思考手性是怎么形成的？为什么构成人类蛋白质的氨基酸都是左旋的，而构成 DNA 的核苷酸都是右旋的？目前，主流的观点主要有以下两种学说。

（1）生命学说——没有生命，就没有手性

该学说支持者（包括巴斯德）认为，从消旋化合物中选择一种光学异构体，有

利于高级有序结构的形成，不经生命体是不可能合成单一光学异构体的。至于究竟是两种光学异构体中的哪种，则是“适者生存”的结果。

不过上述学说也受到了质疑。1988 年，戈尔丹斯基（Goldanskii）和库兹明（Kuzmin）通过分子模型证明，多聚核苷酸完全的手性均一性是形成互补双螺旋结构的必要条件。因为如果没有早已存在的均一手性，生命的自我复制就不会发生。这个实验得出了一个结论：无论是地球还是宇宙空间的手性均一性，都只能起源于生命。

（2）非生命学说——分子手性均一性发生在生命起源之前

该学说可以细分为两个理论：随机理论和确定性理论。

随机理论认为，分子水平上对称性破缺的过程类似于硬币的翻动，产生 D 体或 L 体过剩的概率相等。然而，随机理论无法解释为什么这种随机性导致的却是 L 型氨基酸和 D 型核糖普遍存在于生物大分子中，更无法解释手性在全球的均一性。

确定性理论：假设其中非随机的物理力自身有自然的手性性质，与消旋的或原手性的有机底物相互作用，通过绝对的不对称合成或降解过程产生手性。其中，最具代表性的理论是圆偏振光理论和物理学家李政道和杨振宁提出的宇称不守恒理论。

然而，上述学说都是人们提出的理论假设，并未得到科学实验的验证。因此，手性起源的问题仍然还没有得到解决，需要一代代科学家继续深入研究。

二、手性与人类健康

1. 手性与药物

说起手性与人类健康的关系，首先不得不给大家介绍一下药物“反应停”给人类带来的空前灾难。1953 年，联邦德国化学（Chemie）制药公司研发了一种名为“沙利度胺（Thalidomide）”的新药。该药对孕妇的妊娠呕吐疗效极佳。1957 年，联邦德国化学制药公司将该药以商品名“反应停”正式推向市场，受到广大孕妇的极大欢迎。两年以后，欧洲的医生开始发现，本地区畸形婴儿的出生率明显上升。此后又陆续发现 12000 多名因母亲服用“反应停”而导致的“海豹婴儿”！这一事件成为医学史上的一大悲剧。后来研究发现，反应停是一种手性药物，是由分子组成完全相同仅立体结构不同的左旋体和右旋体混合组成的。其中，右旋体是很好的镇静剂，而左旋体则有强烈的致畸作用。

随后发现，其他常见的药物也存在不同对映体的活性和作用存在较大差异的现象。例如，乙胺丁醇（ethambutol）含有两个构型相同的手性碳，分子呈对称性，药用为右旋体，对繁殖期结核杆菌和其他分枝杆菌有较强抑制作用；而左旋体的副作用表现为视物模糊、视神经炎等眼部的不良反应。右旋氯胺酮（ketamine），即艾司氯胺酮，左旋体具有镇痛和增加剂量引起麻醉的作用；相反，右旋氯胺酮则是致幻剂。丙氧酚（propoxyphene），又叫右丙氧酚，是常用的阿片类止痛药，用于治疗轻度至中度疼痛，与其他镇痛药相比，右丙氧酚有起效快的特点；但是其左旋异构体却具有镇咳的功效（图 7–9）。

2. 手性与食品

我们日常所食用的食品中有很多成分也是具有手性的。比如，天然香芹酮是香芹

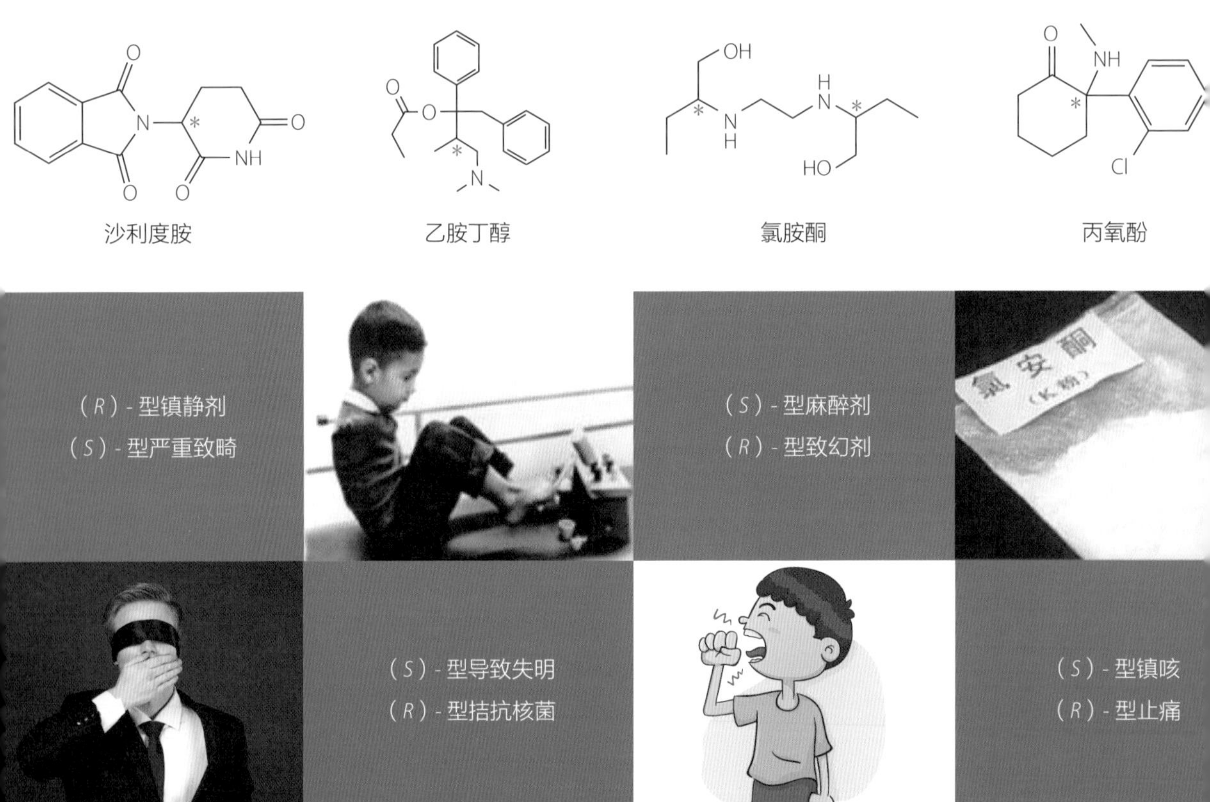

图 7–9　手性与药物及其副作用

油（含量为 50%~60%）和莳萝籽油的主要成分，另含于薄荷油、茴芹等中，在口香糖和各种饮料中也存在。（*R*）- 型香芹酮具有薄荷香，（*S*）- 型香芹酮却是香菜味，不同异构体拥有截然不同的味道（图 7–10A）。柠檬油可由柠檬的新鲜果皮经压榨获取，作为食品添加剂，可给食品调香调味；作为芳香剂，可清除轿车、高档衣物、房间居室异味；作为按摩油，可提神醒脑；还可以美容，可熏身洗面，溶蚀色斑。意想不到的是，（*S*）- 型柠檬油具有柠檬味，而（*R*）- 型柠檬油却是橙子味（图 7–10B）。

另外，自然界中构成蛋白质的氨基酸均为 L- 构型，L- 氨基酸对人体有益，但是烧烤的食物在加工和高温加热过程中，氨基酸的构型会发生变化，食入 D- 氨基酸可能会有损身体健康（图 7–11）。

（*R*）- 型香芹酮具有薄荷香，（*S*）- 型香芹酮却是香菜味

A

（*S*）- 型柠檬油具有柠檬味，（*R*）- 型柠檬油却是橙子味

B

图 7–10　不同构型的香芹油（A）和不同构型的柠檬油（B）具有不同的气味

图 7–11　烧烤过程中产生的 D- 氨基酸可能有损健康

3. 手性和环境

很多农药也是手性分子，拟除虫菊酯类杀虫剂的左旋和右旋异构体具有迥异的作用：一个可以做到杀虫不杀人，而另一个则是杀人不杀虫（图 7–12A）；另外，常用的除草剂 2，4- 滴丙酸，其左旋体具有非常高的除草性能，而右旋体不仅没有除草作用，还具有致突变作用，能够对人类生命健康造成很大威胁（图 7–12B）。

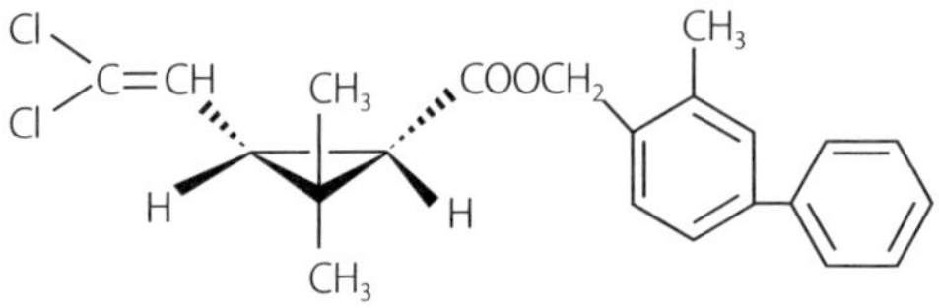

（1*S*，3*S*）- 拟除虫菊酯 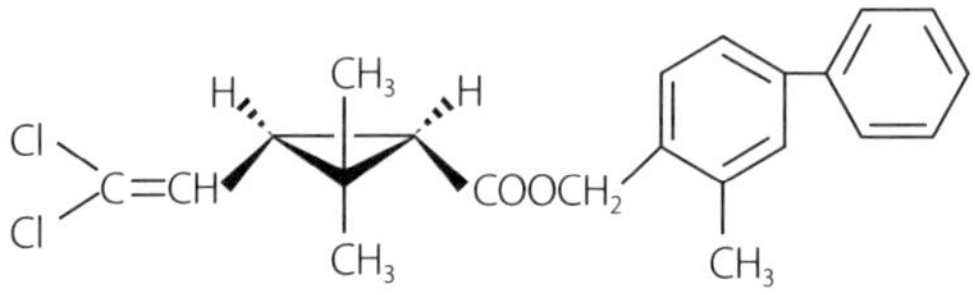　　（1*R*，3*R*）- 拟除虫菊酯

A

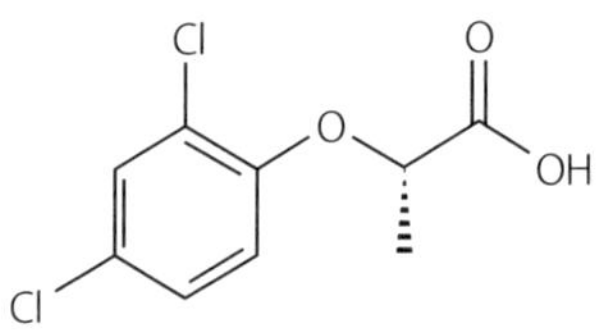

（*S*）-2，4- 滴丙酸 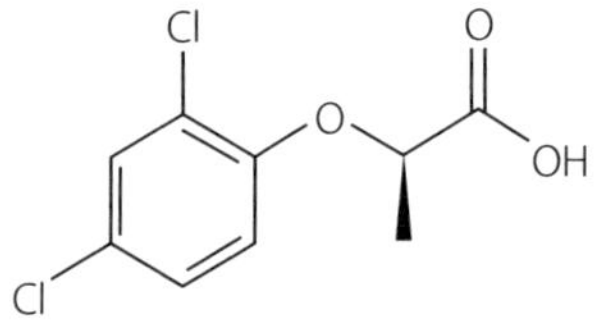　　（*R*）-2，4- 滴丙酸

B

图 7–12　拟除虫菊酯类杀虫剂（A）和 2，4- 滴丙酸（B）的左旋和右旋异构体的结构式

三、手性与药物

1. 手性药物不同对映体的差别

（1）对映体具有相同的药理活性，且作用强度相近

例如，局部麻醉药布比卡因（bupivacaine）的两个对映体（图 7–13）具有相近的局部麻醉作用。因此，布比卡因既可以外消旋体的形式上市，也可以单一对映体的形式上市。

（2）对映体具有相同的药理活性，但强弱程度具有显著差异

例如，布洛芬的（*S*）- 异构体与（*R*）- 异构体都有消炎的作用，但是（*R*）- 异构体的消炎效果较差（图 7–14）。

（3）不同对映体的药理活性不尽相同

一些手性药物的对映体具有完全不同的药理活性：一个对映体具有治疗作用，而另一个对映体却有副作用或毒性。例如，（*S*）-（+）- 氯胺酮具有麻醉作用，但

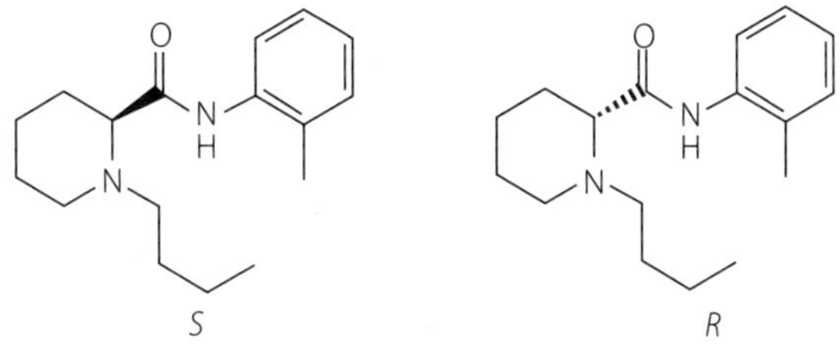

O N H N *S* O N H N *R*

图 7–13 布比卡因的两个对映体的结构式

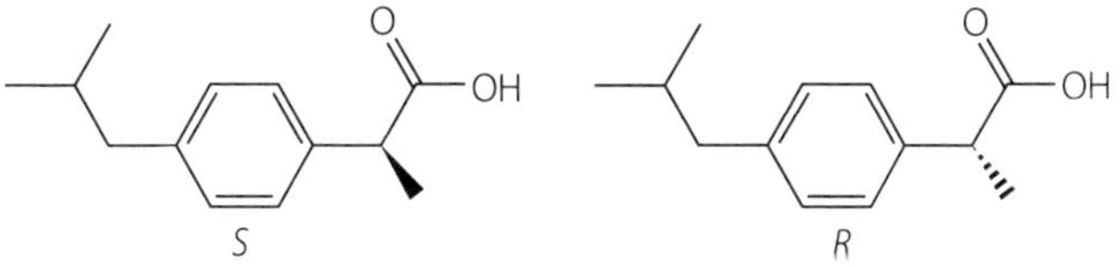

O OH *S* O OH *R*

图 7–14 布洛芬不同异构体的结构式

是（*R*）-（–）-氯胺酮则具有刺激中枢兴奋作用。另一些手性药物的对映体可能具有“取长补短、相辅相成”的作用。例如，左旋多巴酚丁胺具有 α- 受体激动剂作用，对 β- 受体作用弱，而右旋体具有 β- 受体激动剂作用，对 α- 受体作用弱，所以外消旋体给药能增加心肌收缩力，但不会增加心率和血压。此外，如果不同对映体存在不同的活性，那么可以开发成两个药物。例如，镇痛药右丙氧芬（Dravon）的对映体萘磺酸左旋丙氧酚制剂（Novrad）则具有相反的作用，为镇咳药。再如，巴比妥酸盐的（*S*）-（–）-异构体具有抑制神经活动的作用，而（*R*）-（+）-异构体却具有促进神经兴奋的作用。

2. 手性药物的制备

手性药物的制备主要分为化学合成和生物合成两大类。化学合成一方面包括前手性化合物的合成，即可以通过普通化学合成，再经过手性拆分（如结晶法拆分、动力学拆分、色谱拆分等）获得，也可以通过不对称合成（如化学计量型和催化型的不对称合成）来获得手性药物；另一方面可以通过手性源直接合成手性化合物。生物合成主要包括天然产物提取和控制酶代谢两种方法，具体可以参见图 7–15。

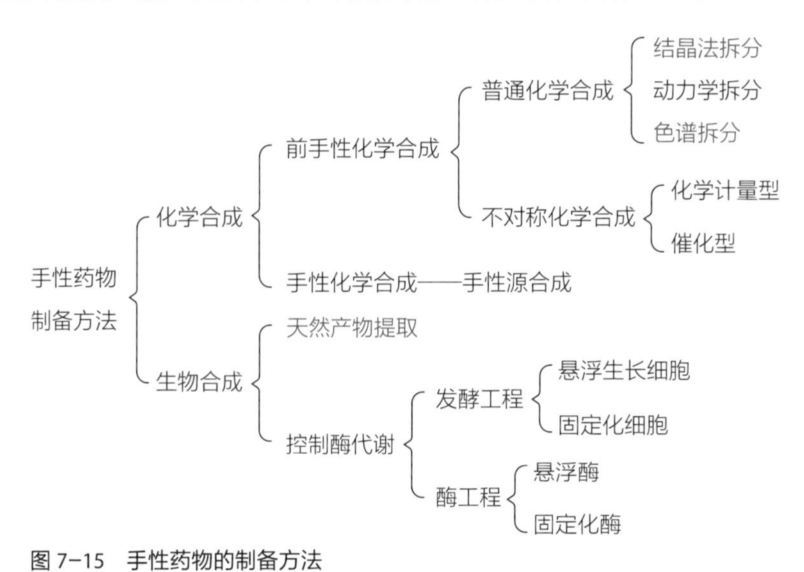

图 7–15　手性药物的制备方法

3. 手性药物的检测与分析

目前，可应用于手性分析的色谱技术主要包括：高效液相色谱法（High Performance Liquid Chromatography，HPLC）、气相色谱法（Gas Chromatography，GC）、超临界流体色谱法（Supercritical Fluid Chromatography，SFC）和毛细管电泳法（Capillary Electrophoresis，CE）等方法，如图 7–16 所示。例如，利用高效液相色谱法的手性固定相法，能够方便快捷地对各种不同构型的氨基酸进行检测和分析，如图 7–17 所示。

此外，还可以通过各种手性光谱法对手性化合物进行分析表征。如红外吸收光谱法（Infrared Absorption，IR）、荧光光谱法（Fluorescent Spectrometry，FS）、圆二色谱法（Circular Dichroism，CD）、核磁共振光谱法（Nuclear Magnetic Resonance Spectroscopy，NMR）、紫外分子吸收光谱法（Ultraviolet Molecular Absorption

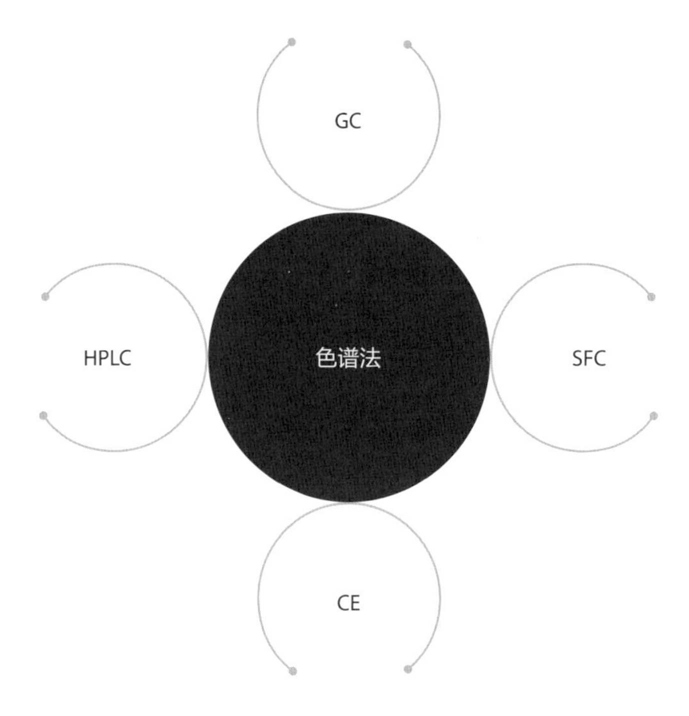

图 7–16　检测和分析手性化合物的不同色谱法

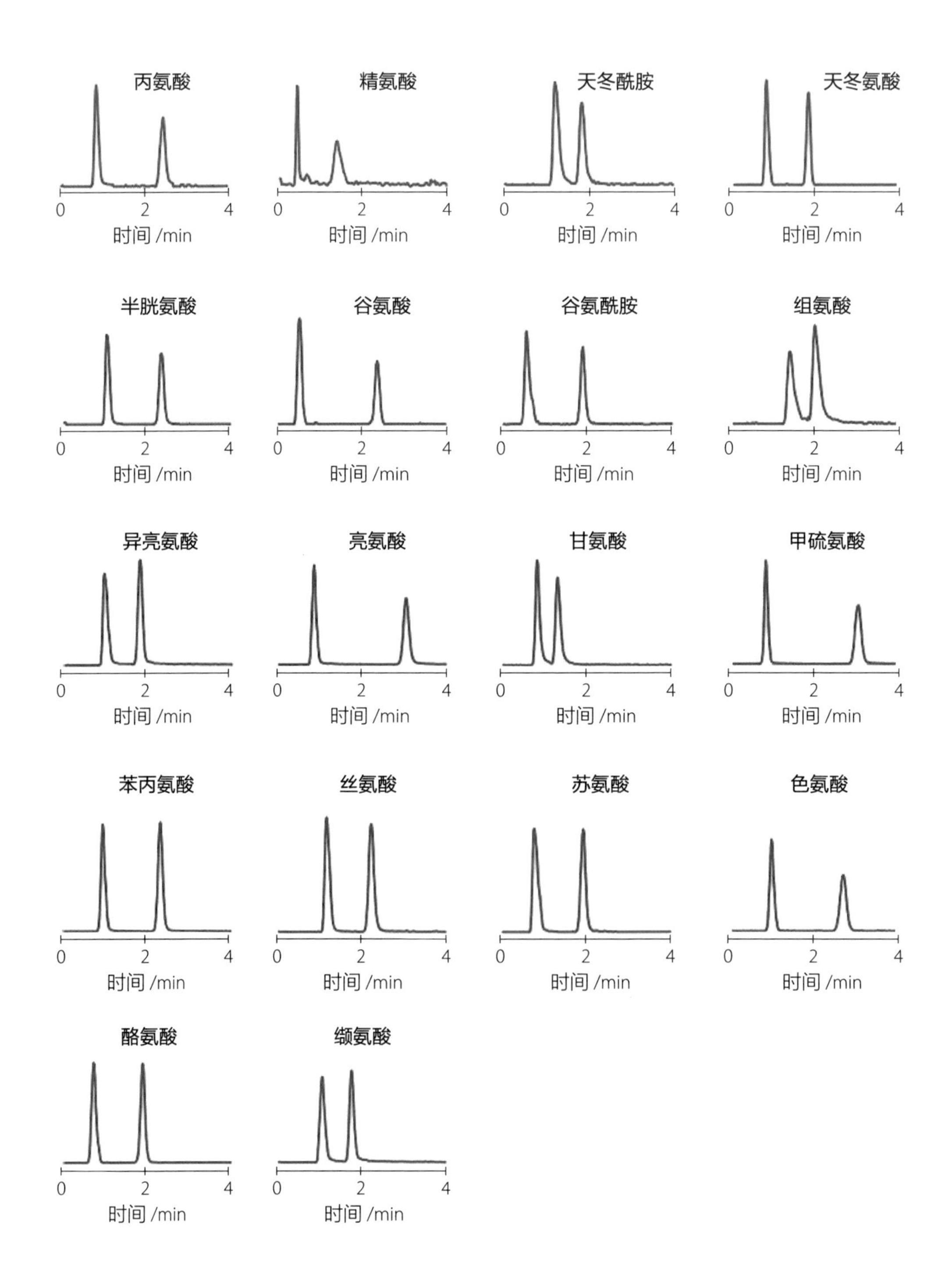

图 7-17　利用手性固定相法分离不同构型氨基酸的色谱图

Spectrometry，UV），如图7–18所示。例如，可以利用手性核磁共振光谱法对扁桃酸的两种不同异构体进行辨别和区分，如图7–19所示。

除上述技术之外，还有生物化学和电化学等方法也可以对手性化合物进行检测和分析。

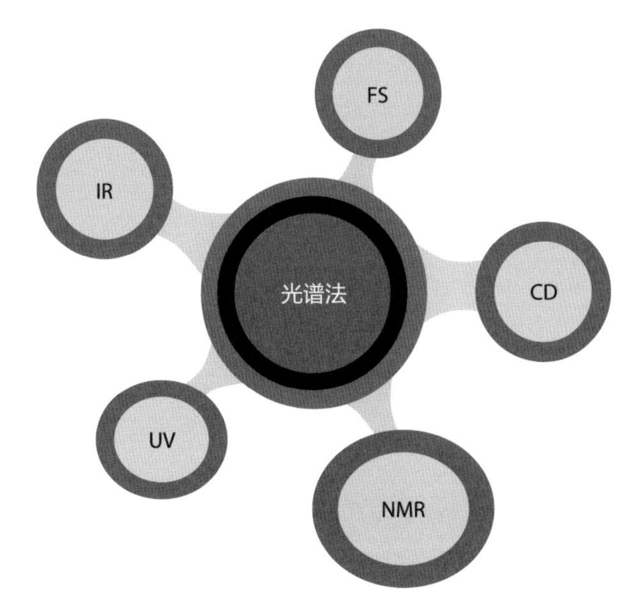

图 7–18　检测和分析手性化合物的不同光谱法

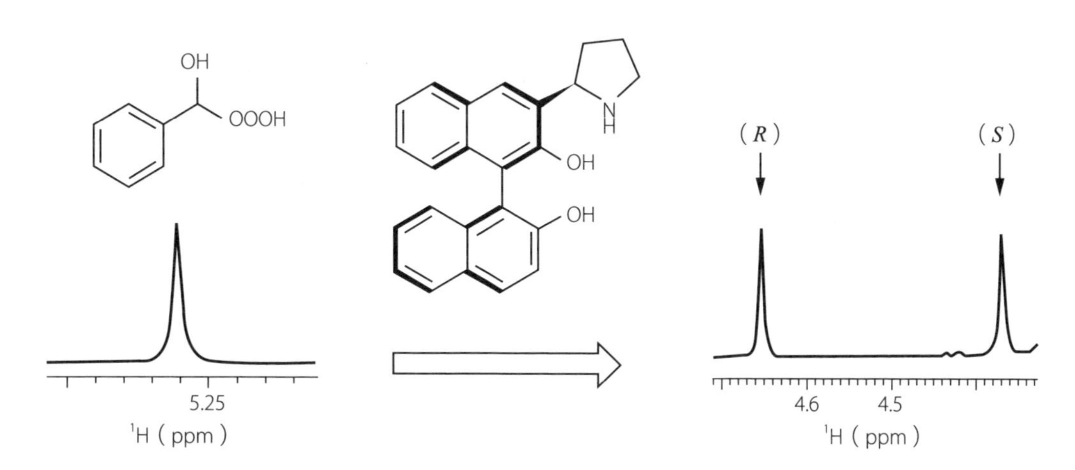

图 7–19　核磁共振光谱法对扁桃酸的手性分析

参考文献

[1] Ager D. Handbook of Chiral Chemicals[M]. Boca Raton: CRC Press，2005.

[2] Berche P. Louis Pasteur，from crystals of life to vaccination[J]. Clinical Microbiology and Infection，2012(18): 1–6.

[3] Bastings J J A J, van Eijk H M, Olde Damink S W, et al. D-amino acids in health and disease: A focus on cancer[J]. Nutrients, 2019 (11): 2205.

[4] Challener C A. Chiral Drug[M]. New York: Routledge, 2017.

[5] Darwin C, The movements and Habits of Climbing Plants[M]. New York: Appleton, 1876: 65–66.

[6] Garrison A W, Gan J, Liu W. Chiral Pesticides: Stereoselectivity and its Consequences[M]. Washington D C: American Chemical Society, 2011: 213–214.

[7] Lough W J, Wainer I W. Chirality in Natural and Applied Science[M]. New Jersey: Wiley-Blackwell, 2002: 1–313.

[8] Lin G Q, You Q D. Cheng J F. Chiral Drugs: Chemistry and Biological Action[M]. New York: John Wiley & Sons, 2011.

[9] Lewis F, Connolly M P, Bhatt A. A pharmacokinetic study of an ibuprofen topical patch in healthy male and female adult volunteers[J]. Clinical Pharmacology in Drug Development, 2018 (7): 684–691.

[10] Liu B, Cao Y, Duan Y, et al. Water-dependent optical activity inversion of chiral DNA-silica assemblies [J]. Chemistry-A European Journal, 2013 (19): 16382–16388.

[11] Ngugen L A, He H, Pham H C. Chiral drugs: An overview[J]. International Journal of Biomedical Science, 2006 (2): 85–100.

[12] 仇小丹，赵婷，朱志玲，等. 超临界流体色谱法在手性药物分离中的应用 [J]. 中国医药生物技术，2019，14 (1)：64–68.

[13] 金育忠，王力洁. 莳萝籽精油的成分研究 [J]. 香料香精化妆品，1995(4): 9–12.

[14] 李周敏，曾韬，姚开安，等. 手性药物的检测方法研究进展 [J]. 分析仪器，2019，224(3): 7–13.

[15] 陶林，刘河，仲伯华 . 手性转换在手性药物研究中的应用 [J]. 化学试剂，2008(12)：29–33.

[16] 王菲菲，刘杰，何风艳，等. 薄荷属 3 种植物及变种的性状鉴别、化学成分分析及 DNA 条形码研究比较 [J]. 药学学报，2019 (54)：2083–2088.

[17] 王文清，盛湘蓉. 生命和手性分子的起源 [J]. 生命科学，1995 (3): 40–41.

[18] 张鹏，吴昊，陈良杰，等. 生命对称性破缺与手性起源 [J]. 普通化学论文，2005: 1–8.

[19] 章伟光，张仕林，郭栋，等. 关注手性药物：从“反应停事件”说起 [J]. 大学化学，2019(34): 1–12.

手性一词来源于希腊语手（Cheiro）。1955年，卡恩（Cahn）等提出用手性表达旋光性分子的两个对映体的镜影不能相叠的立体形象的关系。手性又称手征性，指一个物体不能与其镜像相重合的特征。该特征如同人的左手和右手，互成镜像，但不能叠合。手性分子即指两个分子互成镜像关系，但不能相互重合的具有一定构型或构象的分子。手性物体与其镜像被称为对映体。

第八章 手性分子的分析与分离技术

丁传凡　宁波大学材料科学与化学工程学院

一、为什么手性分子那么重要

1. 生命离不开手性

手性是宇宙间的普遍特征之一，生命生存和发展的过程中必不可少的糖类、氨基酸、蛋白质、核酸等都具有手性。众所周知，氨基酸是生命活动中必不可少的基本组成单元之一。人体中的氨基酸，除甘氨酸不具有手性外，其余的 19 种天然氨基酸都是 L- 型的（D- 型氨基酸只存在于细菌的细胞壁和某些抗生素中）。在正常生理条件下，人体内组成多肽以及蛋白质的氨基酸也都是 L- 型。氨基酸是蛋白质的基本组成单位，脱水缩合成肽，多肽链经过盘曲折叠形成具有不同空间结构的蛋白质。人体内的生物酶大多数是蛋白质，如用 D- 型氨基酸来取代其中的 L- 氨基酸，酶的高级结构就会被破坏，活性就要降低甚至丧失。有意思的是，生命的遗传物质 DNA 上的五碳糖都是 D- 型的。若采用 L- 核糖和 D- 核糖的混合物，就不能形成规则的双螺旋结构。由此可见，生命是具有手性选择的，生命的产生和演变过程中，实时在进行手性选择。

对氨基酸左旋之谜的研究有助于揭示生命的起源之谜。科学家发现这一现象可能与早期恒星的圆偏振光作用有关。在太阳系还处于行星状星云时期，星云内部的化学反应可以形成氨基酸等生命相关物质。此时，恒星和行星形成初期的行星状星云或者恒星形成区含有大量的圆偏振光。在偏振光的照射下，氨基酸等分子可表现出一种不同的特性，形成只有一种手性或以一种手性为主的氨基酸。

2. 手性药物与用药安全

具有手性的药物分子称为手性药物。作用于生物体内的手性药物的药效作用以及临床效果，与它们和体内靶分子间的手性识别和匹配相关。人们对于手性药物的重视来源于20世纪60年代非常惨痛的“反应停”药害事件。“反应停”的学名为“沙利度胺”，早期作为怀孕妇女的止呕药使用。1957年，“反应停”正式在欧洲上市，因其良好的抑制妊娠反应作用而风靡欧美多个国家。但在其仅仅4年的使用时间里，在世界范围内诞生了12000多名短肢畸形、形同海豹的新生儿。最终经过媒体的报道和科学研究，人们才认识到该事件的罪魁祸首是“反应停”。研究发现，“反应停”分子的（*R*）-对映体分子有镇静止呕作用，但（*S*）-对映体分子对胚胎有很强的致畸作用。

据统计，2005年，全球临床药物大概有1850种（不包括中草药）。其中，天然产物提取和半合成的药物523种，人工合成药物1327种。50%以上的药物都是手性药物，尤其是在天然产物药物中，约99%的是手性药物（图8-1）。因此，对手性药物的研究是非常重要和有价值的。

研究发现，手性药物之间的差异性是多样的。手性对映体在人体内的药理活性、代谢过程以及毒副作用等往往存在着显著的差异。临床上手性药物的差异主要表现在以下3个方面。

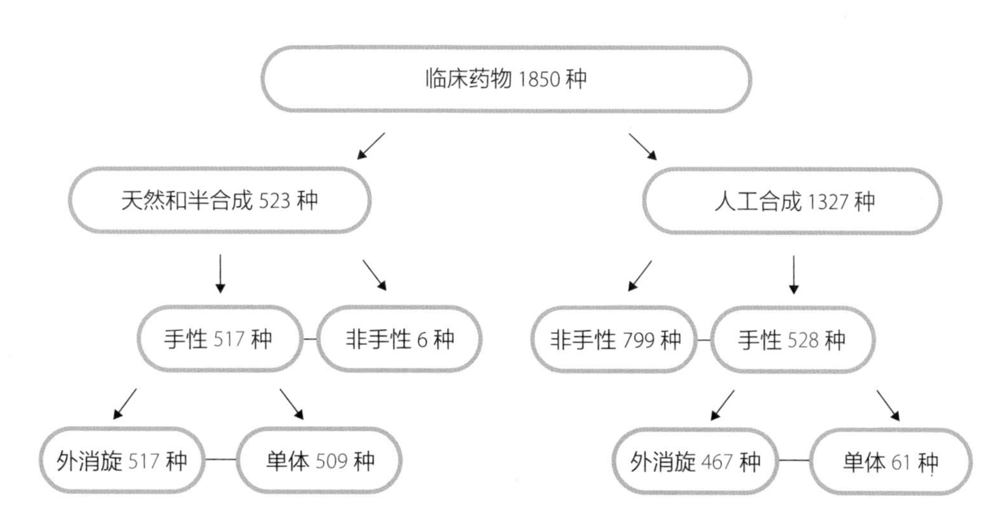

图8-1 截至2005年，全球临床药物概况示意

（1）一种对映体的活性比另外一种强

例如，普萘洛尔是临床上治疗心血管疾病的常用药物，用于治疗由多种原因引起的心律失常，如房性及室性早搏、窦性及室上性心动过速、心房颤动等。其对心血管的调节作用主要通过非选择性阻断 β 受体发挥。对普萘洛尔进行拆分后发现，其 S 构型的 β- 阻断作用比 R 构型强 100 倍。非甾体类解热镇痛抗炎药酮咯酸，在抗炎方面，S- 构型的作用强于 R 构型的 60 倍；在镇痛效果方面，S 构型甚至强于 R 构型 230 倍（表 8–1）。

表 8–1　一种对映体的活性比另外一种强的手性药物的作用比较

药物	作用	强度	差别（倍）
普萘洛尔	β- 阻断作用	S 比 R 强	100
噻吗洛尔	β- 阻断作用	S 比 R 强	80~90
萘普生	抗炎	S 比 R 强	35
布洛芬	抗炎	S 比 R 强	28
酮咯酸	抗炎	S 比 R 强	60
	镇痛	S 比 R 强	230
华法林	抗凝血	S 比 R 强	5
环磷酰胺	抗肿瘤	S 比 R 强	2
氯苯那敏	抗组胺	S 比 R 强	100
维拉帕米	钙通道拮抗	S 比 R 强	10

（2）两种对映体的作用相反

手性药物的两种对映体作用相反的原因：药物的两种对映体均与受体有一定的亲和力，但是一种对映体具有生理激动作用，另一种反而起拮抗作用。例如，临床上常用于治疗支气管哮喘急性发作以及心脏房室传导阻滞的异丙肾上腺素，是通过兴奋 $β_1$、$β_2$ 受体发挥作用的。然而，随着对手性药物认识的不断加深，研究人员拆分了异丙肾上腺素的两种对映异构体。结果发现，R 构型是 β 受体兴奋剂，而 S 构型药物却为 β 受体抑制剂。表 8–2 是一些药物举例。

表 8–2　两种对映体作用相反的手性药物举例

药物	作用	反作用
派西拉朵（Picemadl）	（+）/ 阿片受体激动剂，镇痛	（–）/ 阿片受体拮抗
扎考必利（Zacopride）	（R）/5-HT3 受体拮抗剂，抗精神病	（S）/5-HT3 受体激动剂
Bay K 8644	（S）/L- 钙通道阻滞剂	（R）/L- 钙通道活化剂
依托唑啉	（–）/ 利尿	（+）/ 抗利尿
异丙肾上腺素	（R）/β- 受体激动作用	（S）/β- 受体拮抗作用

（3）一种对映体具有治疗活性，另外一种却具有毒性

比如，我们前面说的镇静药沙利度胺，R 构型对映体具有镇静作用，S 构型对映体及其代谢产物则有严重的胚胎毒性以及致畸作用。20 世纪 80 年代批准的减肥药物芬氟拉明也是该类型的手性药物。其 S 构型对映体是药物发挥减肥作用的主要成分，而 R 构型对映体则能引起头晕、催眠等不良反应。同时，由于该药对心血管有致命性的伤害，2009 年 1 月 7 日起，我国已经停止生产和销售盐酸芬氟拉明。表 8–3 为一些药物举例。

表 8–3　一种对映体具有治疗活性，另外一种具有毒性的手性药物举例

药物	治疗作用	毒副作用
羟基哌嗪	（S）- 型，镇咳	（R）- 型，嗜睡
氯胺酮	（S）- 型，安眠镇痛	（R）- 型，术后幻觉
青霉胺	（S）- 型，抗风湿，免疫抑制	（R）- 型，致癌
四米唑	（S）- 型，广谱驱虫药	（R）- 型，呕吐
芬氟拉明	（S）- 型，减肥	（R）- 型，头晕，催眠
米胺色林	（S）- 型，抗忧郁	（R）- 型，细胞毒作用
左旋多巴	（S）- 型，抗震颤麻痹	（R）- 型，竞争性拮抗

为什么药物分子手性的不同会导致作用效果的差异，甚至是截然相反的临床作用效果呢？因为药物的作用靶点大部分为蛋白质分子，蛋白质分子的活性与其特殊的空间结构相关。这种结构往往只与拥有相应结构的物质结合，即特异性结合。药物的作用机理和过程就是药物分子与靶点蛋白质分子产生的特异性结合。这种特异性结合会导致不同的药物代谢过程，从而影响下游信号网络和结果，产生不同的临床药效。一般认为，药物分子与体内靶蛋白的特异性结合受电荷分布以及空间结构等影响。手性药物对映体之间的空间结构不同，有时只有一种对映体可以和靶点蛋白结合，产生药效，而另一种因为无法与靶点蛋白结合，所以无法产生药效。同时，若药物不同对映体结合不同的靶向蛋白分子，则产生的临床效应也不同。

二、手性分子的拆分方法

“反应停”事件让人们认识到分析和拆分手性分子的重要性。由于不同的手性分子具有不同的生物活性和光学活性，人们对手性化合物的研究和利用越来越重视。手性化合物在制药（人和动物健康）、农用化学、化妆品、香水与香料、营养品、光电子材料和手性液晶等行业具有广泛的应用和发展前景。因此，对手性分子的分离和分析具有重要的理论和应用意义。1992 年，美国食品与药品监督管理局（Food and Drug Administration，FDA）提出了发展单一对映体化合物的生产计划和研发手性药物需进行对映体纯度鉴定的规定，为手性药物的研发工作指明了方向。近年来，如何高效、准确地分析和拆分手性分子也已经成为药物研究工作中的重要组成部分。

1. 手性分子拆分方法分类

手性分离和分析的目标是获得单一的对映异构体化合物并对其化学性质进行了解。在非手性环境中，各种手性对映体的物理化学性质，如熔点、沸点、溶解度、折射率、蒸气压、吸收和发射光谱、质荷比、解离通道和产物等大都相同。因此，常用的分析方法，如红外、可见 / 紫外，核磁共振（Nuclear Magnetic Resonance，NMR）和质谱（包括串级质谱）等基本无法分析分离手性分子，故手性分子的分离和分析都很困难。

由于手性分子拆分往往具有较大的难度，且拆分得到的、无临床药效的对映体有可能造成环境污染以及资源的浪费。研究如何获得单一构型的手性分子的合成方法或提高单一构型对映体分子的产率，成为获得单一对映体的重要解决方法。例如，采用天然手性库，即从自然界存在的光活性化合物提取得到单一对映体，如以氨基酸、羟基酸、糖、生物碱和萜类等为原料，采用保持原构型、转化或手性转换等方法合成手性化合物。同时，人们可以通过“立体选择性”反应（不对称催化合成，如手性催化、手性诱导、生物催化）来控制单一手性药物的产率。该方法已经被广泛应用于制药、香精和甜味剂等化学化工行业，给工业生产带来了巨大的益处。瑞典皇家科学院于 2001 年 10 月 10 日授予在“不对称催化合成”领域做出突出贡献的美国孟山都公司的威廉 · S. 诺尔斯（William S. Knowles）、日本名古屋大学的野依良治（Ryoji Noyori）和美国斯克利普斯研究所的 K. 巴里 · 沙普利斯（K. Barry Sharpless）诺贝尔化学奖。

然而，并不是所有手性分子的单一构型都能通过不对称合成获得，且常用的不对称催化反应往往存在效率低等问题。因此，外消旋体的拆分仍然是获得很多单一对映体的常用方法。目前，有 60% 的单一对映体是通过手性拆分获得的。

手性分子的拆分可以归纳为两大类：物理拆分方法和化学拆分方法。物理拆分主要依据不同对映体分子物理性质的差异（比如，溶解度、物理吸附强度等性质的不同）进行手性拆分，包括结晶法、色谱法等。其中，色谱法是目前主要的拆分方法。化学拆分方法主要分为两种：一种是利用对映体之间反应速度差异的反应动力学拆分法，另一种是利用酶的高度特异性催化反应的酶拆分法。

2. 获得单一对映体的方法

（1）结晶拆分法

结晶拆分法是指直接利用结晶过程的差异，对两种对映体进行拆分的方法。1849 年，巴斯德（Pasteur）首次分离出酒石酸对映体。外消旋的酒石酸铵钠在 27℃以下结晶时，形成的晶体是“外消旋混合物”，两个对映体的晶体外观不一样。巴斯德借助放大镜，用镊子将两种酒石酸铵钠晶体分开。这就是历史上有名的第一个对映体拆分实验。这一方法虽然古老，但在一些特定的场合还有用处，如“手性金属配合物”的拆分。

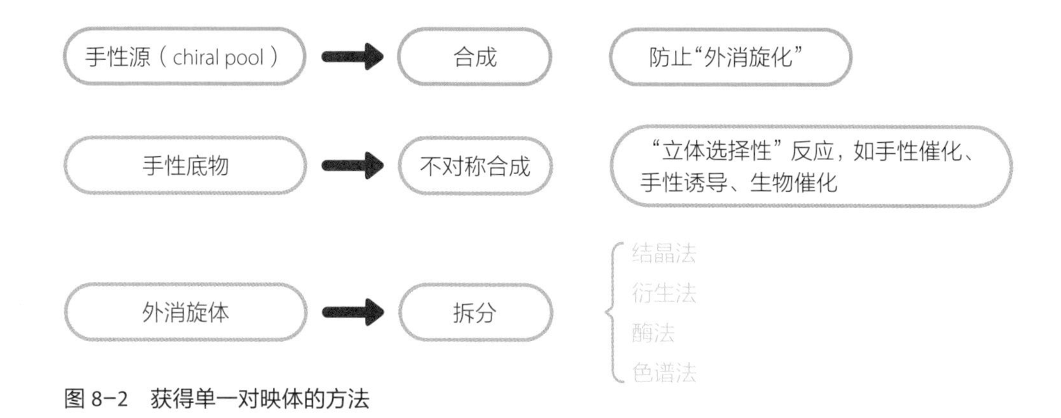

图 8-2 获得单一对映体的方法

（2）接种晶体拆分法

接种晶体拆分法用于外消旋混合物的对映体拆分，是直接结晶拆分法的改良方法。它是在一个外消旋混合物的热饱和溶液中，加入其中一个纯对映体的晶种，然后慢慢冷却溶液，使与晶种具有相同种类的对映体在晶体上生长并析出；滤去晶体后，将母液重新加热，并补加外消旋体使之达到饱和，然后再冷却，使另一对映体析出。这样交替进行，可获得纯对映体结晶（图 8-3）。有趣的是，在没有纯对映体晶种的情况下，有时用结构相似的其他手性化合物（甚至是非手性化合物）作晶种，也能获得分离的效果。这种手性分离方法的原理应该与晶体形成时有规律的定向排列，并形成一定的手性环境相关。

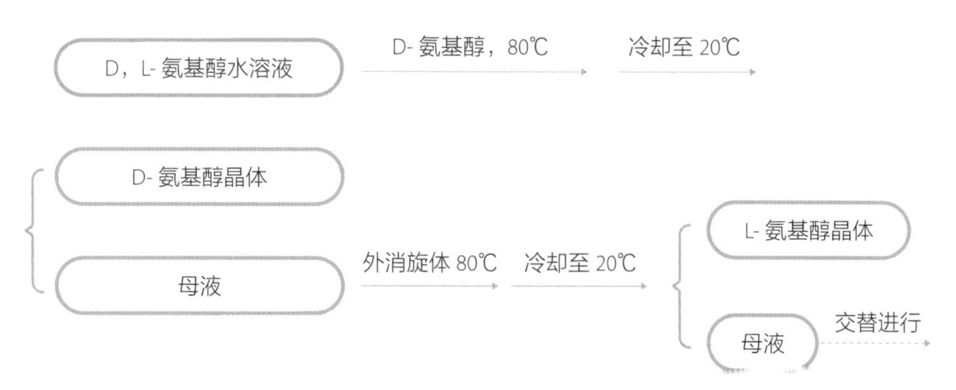

图 8-3 D，L- 氯霉素的母体 D- 氨基醇的结晶拆分示意

（3）生物拆分法

生物酶、微生物、细菌等生物源往往具有非常专一的反应特性。因此，利用酶催化可以选择性地使外消旋体中的一个对映体发生反应，达到手性拆分的目的。因此，这一方法也被称为“生物化学拆分法”（图 8–4）。1858 年，巴斯德就观察到：外消旋酒石酸在酵母或青霉的存在下进行发酵，天然的（+）- 酒石酸铵逐渐被消耗，经过一段时间之后，可以从发酵液中分离出纯的（–）- 酒石酸铵。这是因为微生物代谢了天然的（+）- 酒石酸，留下了（–）- 酒石酸。

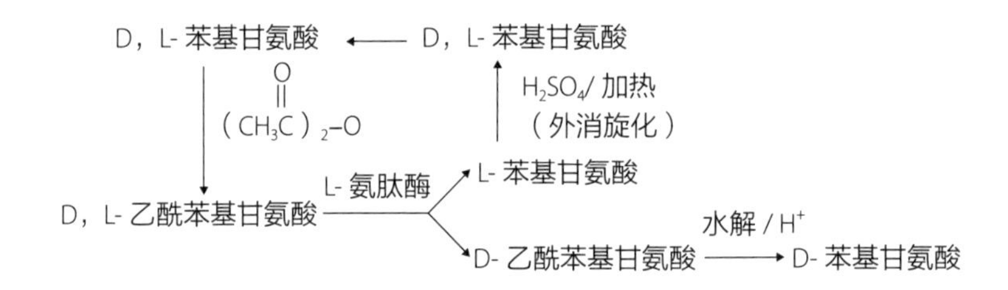

图 8–4　D，L- 苯基甘氨酸外消旋体的酶拆分示意

利用微生物酶拆分外消旋体的特点：①酶催化反应通常具有高度立体专一性；②副反应少，产率高，产品分离提纯简单；③反应条件较温和，如 0~50℃，pH 值接近中性；④所用的生物酶无毒，易降解，不会造成环境污染，适用于规模化生产；⑤多数合成氨基酸消旋体不易用化学方法拆分，而酶法拆分却常常非常有效，可用于制备旋光性氨基酸。随着研究工作的不断深入，目前的酶法拆分已从水溶液向有机介质发展。

（4）化学拆分法

如果一个手性分子中含有某些化学活性基团，如羧基、氨基、羟基和双键等，可让其与某种旋光活性的化合物（称为拆分剂）进行化学反应，生成两种完全不同的非对映体化合物，再利用非对映体化合物在物理化学性质上的显著差别将其分开。

换句话说，化学拆分的原理和过程是把具有相同性质的对映体分子转变为具有不同性质的非对映体分子，然后用常规的分离方法来进行分离。化学拆分过程一般包括 3 个步骤：①手性试剂衍生反应产生不同的非对映体分子；②分离非对映体分子；③分解或还原成原来的单个对映体分子（图 8–5）。

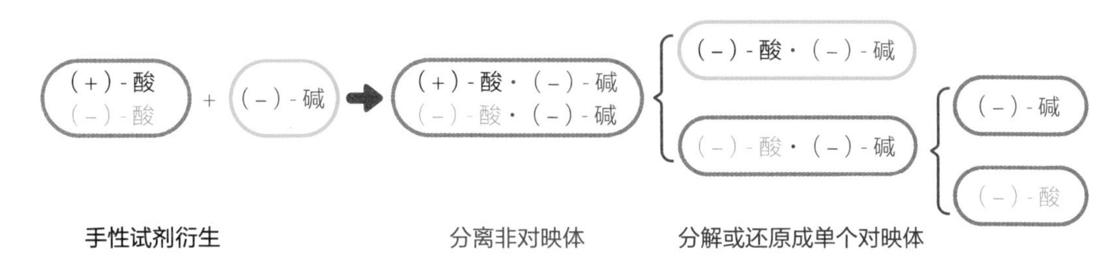

图 8–5　化学拆分法过程示意

由于手性化学反应需要具有高度的选择性或专一性，所以选择合适的拆分剂是化学拆分的关键。理想的拆分剂应具有的特点：①容易与外消旋体中的两个对映体分子结合生成不同的非对映异构体分子，拆分后，又容易反应再分解成原来的对映体；②所形成的两种非对映异构体分子溶解度等性质有较大的差别，如其中之一容易结晶等；③拆分剂应达到旋光纯度，从原理上讲，拆分后产生的对映体纯度一般不会超过所用拆分剂的纯度。

（5）家族拆分剂法

家族拆分剂法是化学拆分方法的改良方法。它是一种组合拆分方式，将一组类似的拆分剂家族（families of resolving agents）同时加入到待拆分的外消旋体样品溶液中。经过沉淀后，析出的非对映体晶体比使用单一拆分剂大得多，甚至其中的一部分拆分剂可采用消旋化合物。

（6）色谱拆分法

色谱拆分法是目前对映体分析和纯度测定最常用和有力的工具。其中，液相色谱拆分法还是制备和纯化手性物质的重要手段。一些天然手性吸附剂，如淀粉、蔗糖、羊毛等已被证明可成功拆分一些外消旋体。制备色谱在拆分外消旋体方面发挥了更大的作用。选用拆分能力很强的手性固定相填充剂，用较大的色谱柱，一次可以拆分几十克量级的外消旋体，并可达到99%的旋光纯度。常见的色谱拆分技术包括：高效液相色谱、气相色谱、高效毛细管电泳（High Performance Capillary Electrophoresis，HPCE）和超临界流体色谱等。

1）高效液相色谱法

手性高效液相色谱拆分方法可分为间接法和直接法两种。间接法即手性衍生化试剂法，该方法首先将对映体经手性试剂衍生，生成不同的非对映异构体后，利用常规的高效液相色谱法进行分离和测定。由于检测的样品为非对应异构体，所以该方法可采用通用的非手性柱进行分离，且分离条件相对简单；进行衍生化后可提高样品的检测灵敏度、增加样品的分离度等，使样品更容易被拆分。但由于反应条件的限制，该方法还存在缺点或限制：①待测手性药物应具有可被衍生化基团，如氨基、羟基、羧基等；②手性衍生化试剂应具有高光学纯度，且性质稳定；③两个对映体衍生化速率和平衡常数一样；④衍生化和色谱分离过程中不能消旋化。

直接法是指在样品分子间引入手性环境，如采用手性固定相或手性流动相，在不经过柱前衍生化的情况下直接分离手性分子对映体。目前常用的方法包括手性固定相法（Chiral Stationary Phase，CSP）、手性流动相法（Chiral Mobile Phase，CMP）和手性检测器法（Chiral Detector，CD）。其中，手性固定相法是最常用的方法之一。它被广泛用于各类化合物的检测，适用于常规及生物样品的分离。它具有样品处理步骤简单、制备分离方便等优点，定量分析相较于衍生化法更可靠。除非样品必须衍生化，否则分离外消旋体时无需高光学纯度试剂。但该方法也有一定的局限性：①由于固定相的性质不同，对样品的结构有一定限制，适用性比普通高效液相色谱固定相差；②商业化的40多种手性固定相的价格十分昂贵，且柱的使用寿命较短。常用的手性固定相大致分为选择基键合相（Pirkle手性固定相）、纤维素和多糖衍生物、环糊精、蛋白质键合相、合成聚合物与分子烙印手性固定相等。手性固定相拆分对映体可通过氢键、π-π 键、偶极 - 偶极、包合络合物、配位交换、疏水和极性相互作用的耦合等作用实现。

2）毛细管电泳法

20 世纪 90 年代开始，毛细管电泳在手性分离方面得到了广泛应用和高度重视，是一门高效能分离技术。它的工作原理是：以高压电场为驱动力、毛细管为分离通道，依据样品中各组分之间的淌度或分配系数的不同实现样品中不同分子的分离。毛细管电泳的高分离效率有利于分离其他方法难以分离的对映体分子；在毛细管电泳法分离过程中，手性选择剂可以直接加入，故操作简单；手性选择剂的消耗量小，运行成本低。它的主要缺点：毛细管电泳的检测量小，限制了大量样品的分离效率。

毛细管电泳常用的手性分离试剂包括环糊精及其衍生物、冠醚、抗生素、蛋白质等。环糊精及其衍生物常用被作毛细管区电泳手性添加剂。例如，异丙肾上腺素为碱性化合物，在 pH<7.0 时，因质子化而带正电，其电泳方向与电渗流同向。β- 环糊精是电中性物质，随电渗流一起迁移。所以 pH 值越小，异丙肾上腺素与 β- 环糊精的迁移速度差越大，越有利于对映体的分离。而羧甲基 -β- 环糊精因在背景电解质中发生电离而变为带有负电荷的阴离子，电泳方向与手性分子相反。

（7）其他高效手性分离技术

除了以上的手性分离方法，随着技术的不断进步，越来越多的高效手性分离技术被发明。其中，超临界色谱可获得较高的分离度和较高的检测灵敏度。和气相色谱相比，它不仅可分离分子量更大的组分，而且可在较低的温度下进行分离，因而具有更好的对映体选择性。此外，手性超临界色谱还可用于对映体的制备分离。还有，模拟流动相色谱（Simulated Mobile Chromatography，SMB），最早被用于正己烷和环己烷的分离，后来被用于间二甲苯和对二甲苯的大规模制备。1992 年，根川（Negawa）等把它用于手性物质的拆分。在模拟流动床色谱手性拆分系统运行的

过程中，旋转阀间歇性地开关，控制在不同时间外消旋体的进样、新溶剂的注入和两个旋光异构体的提取位置。其他方法包括如手性膜分离、液块液膜手性分离等。最近，有报道采用U-1环糊精聚合物膜拆分氨基酸对映体等。

三、手性分子的分析方法

在不对称合成、外消旋体拆分和手性药物质量的控制中，需要测定对映异构体的纯度。例如，在不对称合成中，一个最基本的问题是如何获得高对映体纯的手性物质（手性辅助基、手性配体、手性催化剂）。在一般情况下，高立体选择性的不对称反应需要高对映体纯的手性原料，只有少数不对称反应具有不对称放大性。在许多研究和应用如制药、农用化学、化妆品、香水、香料、营养品（人和动物）、光学材料（如光电子用手性液晶）等领域，都涉及手性以及单一对映体的分离和分析问题，迫切需要快速准确测定对映体纯度的方法。

目前，常用的方法为旋光法以及色谱法。旋光法测定过程简便，但不够准确、相对标准偏差（Relative Standard Deviation，RSD）> 4%，容易受样品质量、温度和溶剂的影响，且参考文献上报道的旋光值不够准确，经常变化，同时光活性杂质对测定结果也会产生影响。高效手性色谱是目前公认的一种快速、灵敏、准确测定对映体纯度和过剩值的方法。其他的方法如核磁共振法、同位素稀释法、量热法、酶分析法和传感器检测等，也可以用来测定对映异构体的纯度。

1. 手性分子分析在生产和科学研究领域的应用

由于手性分子往往具有不同的生物活性和光活性，人们对手性化合物分离分析技术的研究和利用越来越重视。除了手性原料和产品分析，人们对手性化合物在化学过程、生物过程、环境过程的变化更感兴趣。手性分析技术的发展可能会对原有的一些错误的毒性、分布、降解和其他数据，甚至一些法规进行修正。

2. 手性分子分析在药代动力学方面的应用

这方面的研究工作主要集中在药物反应（吸收、代谢等）动力学研究、手性药物筛选等。例如，通过对人血、尿等样品中的氨基酸分子手性进行分析，发现了白内障晶体浑浊、早阿尔茨海默病以及某些肾脏病患者体内的某些组织中 D- 氨基酸含量高于正常人。这对疾病诊断和衰老机制研究是十分有意义的，具有重要的临床应用价值。

3. 手性分子分析对掺假食品、化妆品的分析

鉴定掺假的消费品是一个很重要的工作，分离对映异构体对于鉴定掺假的工作具有重要意义。例如，分析 D- 氨基酸可以用来鉴定掺假的果汁；分析牛奶或奶制品中 L- 乳酸的光学纯度可以判断其存放期或是否变质，因为 L- 乳酸的外消旋化随时间、pH 值、状态（液体或固体）等因素的变化而变化。

4. 手性分子分析在环境科学中的应用

释放到环境中的大量有机化学品是外消旋化合物。有许多关于环境的法令和科学研究都把外消旋体化合物看作是单一的纯化合物，从而导致产生错误的毒性、分布、降解和其他数据。要了解手性污染物和农业化学品的作用和治理，就必须获得准确的科学数据。这些数据的获得要靠有立体选择性的分析方法。

总之，有关手性分子的结构分析与对映体分离已成为化学分析的一个重要分支，在制药、化工、食品、环境等领域获得了越来越多的重视与应用。

参考文献

[1] Cahn R S, Ingold C, Prelog V. Specification of molecular chirality[J]. Angewandte Chemie International Edition, 2010, 5(4): 385-415.

[2] Dehne, Clarck G, Alan D. McNaught and Andrew Wilkinson, compilers.Compendium of Chemical Terminology, IUPAC Recommendations[J]. Terminology, 1997, 4(2): 347-351.

[3] Grange R L, Evans P A . Metal-free metathesis reaction of C-chiral allylic sulfilimines with aryl isocyanates: construction of chiral nonracemic allylic isocyanates[J]. Journal of the American Chemical Society, 2014, 136(34): 11870-11873.

[4] Konstantinov K K, Konstantinova A F. Chiral symmetry breaking in peptide systems during formation of life on earth[J]. Origins of Life & Evolution of Biospheres, 2018, 48(1): 93-122.

[5] Prachi R, Bannimath G, Subhankar P, et al. Bioanalytical chiral chromatographic technique and docking studies for enantioselective separation of meclizine hydrochloride: Application to pharmacokinetic study in rabbits[J]. Chirality, 2020，32(8): 1091-1106.

[6] Vries T, Wynberg H, Echten E V, et al. The family approach to the resolution of racemates[J]. Angewandte Chemie International Edition, 1998. 37(17): 2349-2354.

[7] Zhang Q, Zhang J, Xue S, et al. Enhanced enantioselectivity of native α-cyclodextrins by the synergy of chiral ionic liquids in capillary electrophoresis[J]. Journal of Separation Science, 2018，41(24): 4525-4532.

[8] 李凛，李璟，胡强，等.手性物质及其生物制备方法的研究进展[J].化工技术与开发，2012，41(1): 8-10.

[9] 王红磊，许坤 . 手性药物拆分技术研究 [J]. 化工设计通讯，2020，46(7): 215-216.

[10] 赵毅，马遥，魏波，等 . 2019 年毛细管电泳技术年度回顾 [J]. 色谱，2020，38(9): 986-992.

科学家经过60多年的努力，多个火星探测器已成功登陆火星，在火星表面开展了地形地貌、物质成分、水冰资源和生命痕迹等科学问题的探索，并取得了一系列重大科学发现。但人们仍需进一步探索火星是否具备孕育生命的条件；如何利用火星原位资源实现人类地外生存，并建立我们的「第二家园」。

第九章

可持续太空探索面临的科技挑战

姚伟　中国空间技术研究院钱学森实验室

一、困扰人类的三大基本问题

我们从哪里来？我们在宇宙中是孤独的吗？我们要到哪里去？这 3 个问题是困扰人类的永恒话题，也是太空探索的主题。第一个问题是对生命起源的好奇，人类究竟是如何产生的？第二个问题是对地外文明的探索，是否其他星球也有生命？第三个问题是对人类命运的思考，人类终究会演化成什么样子？

1. 生命起源与演化

生命究竟是怎么起源的？关于这个问题有多种臆测和假说，并存在很多争议。随着天文学、行星科学和生物、化学等领域的快速发展，现代自然科学将有望解答这一重大问题。其中，化学起源说是被普遍接受的生命起源假说。这一假说认为，地球上的生命是在极端环境的条件下，由非生命物质经过极其复杂的化学过程，逐步演变而成的。当前，早期地球如何通过化学反应产生 RNA 和细胞，是生命起源研究的核心问题。

早期地球是没有生命的，大气中没有 O_2，主要成分为 N_2 和 CO_2，还有少量的氢、水蒸气和甲烷。在太阳紫外线、闪电、小行星撞击（图 9–1A）的作用下，大气中产生氰化氢等化合物。氰化物在紫外线的作用下，进一步转化为单糖。磷酸盐催化这些糖和氰化物衍生物之间的化学反应，并形成核糖核苷酸（图 9–1B），然后结合在一起形成 RNA 链（图 9–1C）。一旦 RNA 被制造出来，它的一些链就被包裹在由脂肪酸（脂类）自发组装成的微小囊泡中，形成了第一批原细胞。随着细胞膜吸收更多的脂肪酸，它们不断地生长和分裂。同时，内部的化学反应驱动着被包裹的 RNA 复制。在这个化学过程的作用下，大约 38 亿年前，地球上出现了生命。如果我们弄清楚了这个过程关键环节的原理，就可以在实验室里重现生命起源的可能途径。

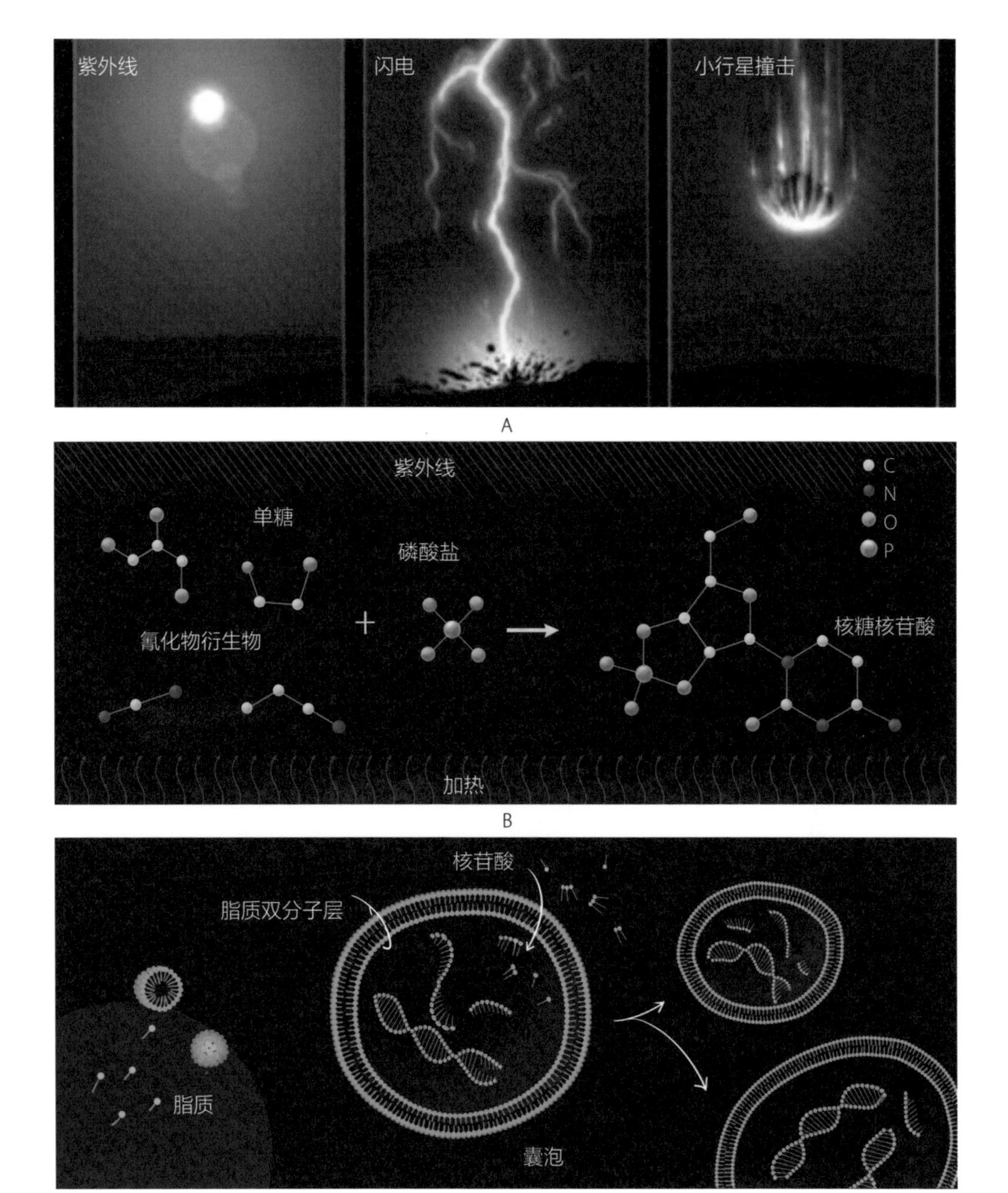

图 9–1　早期地球通过化学反应产生 RNA 和细胞的过程

注：A. 在紫外线、闪电、小行星撞击地球等作用下，无机分子合成有机分子；B. 有机分子合成生物小分子单体；C. 生物单体进一步聚合成生物聚合物大分子。

化学家仍然在探寻着生命是否还有其他的途径可以把简单的化学元素转变成有机生命。如果存在更多化学到生物学转变的可能性，宇宙也就充满多样化的生命形式。

2. 孤独与探索

自古至今，当我们用肉眼观看浩瀚星空、神秘宇宙的时候，都会猜想地球之外的世界到底是什么样子的，是否有地外生命甚至外星人的存在。当人类在现代科技的帮助下，终于实现了飞天梦想后，就迫不及待地发射了各种各样的深空探测器（1958 年发射了第一颗月球探测器，1960 年发射了第一颗火星探测器），到太阳系的各个行星找寻生命的痕迹；也发射了一系列的空间天文望远镜（图 9-2），来搜寻太阳系外可能孕育生命的“另一个地球”，帮助我们探索宇宙、了解生命的起源。探测器的发射

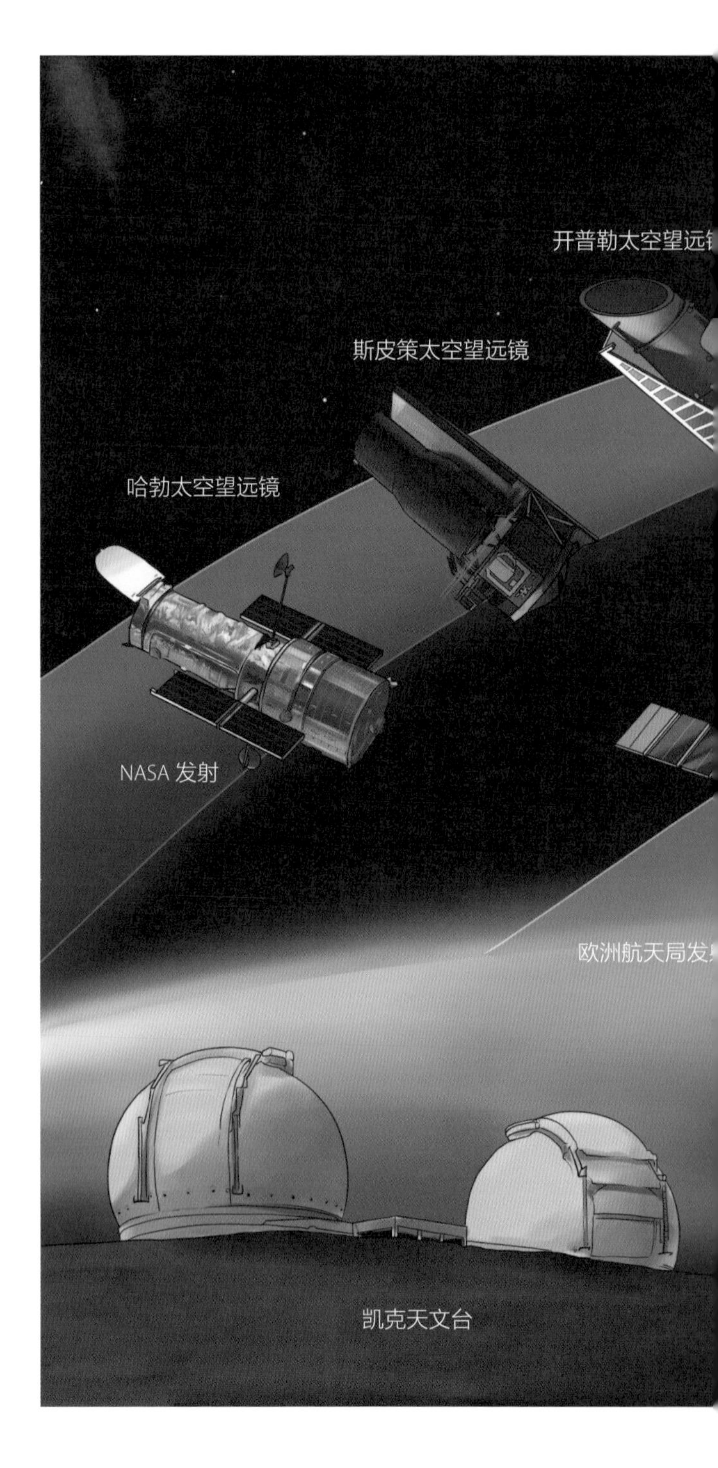

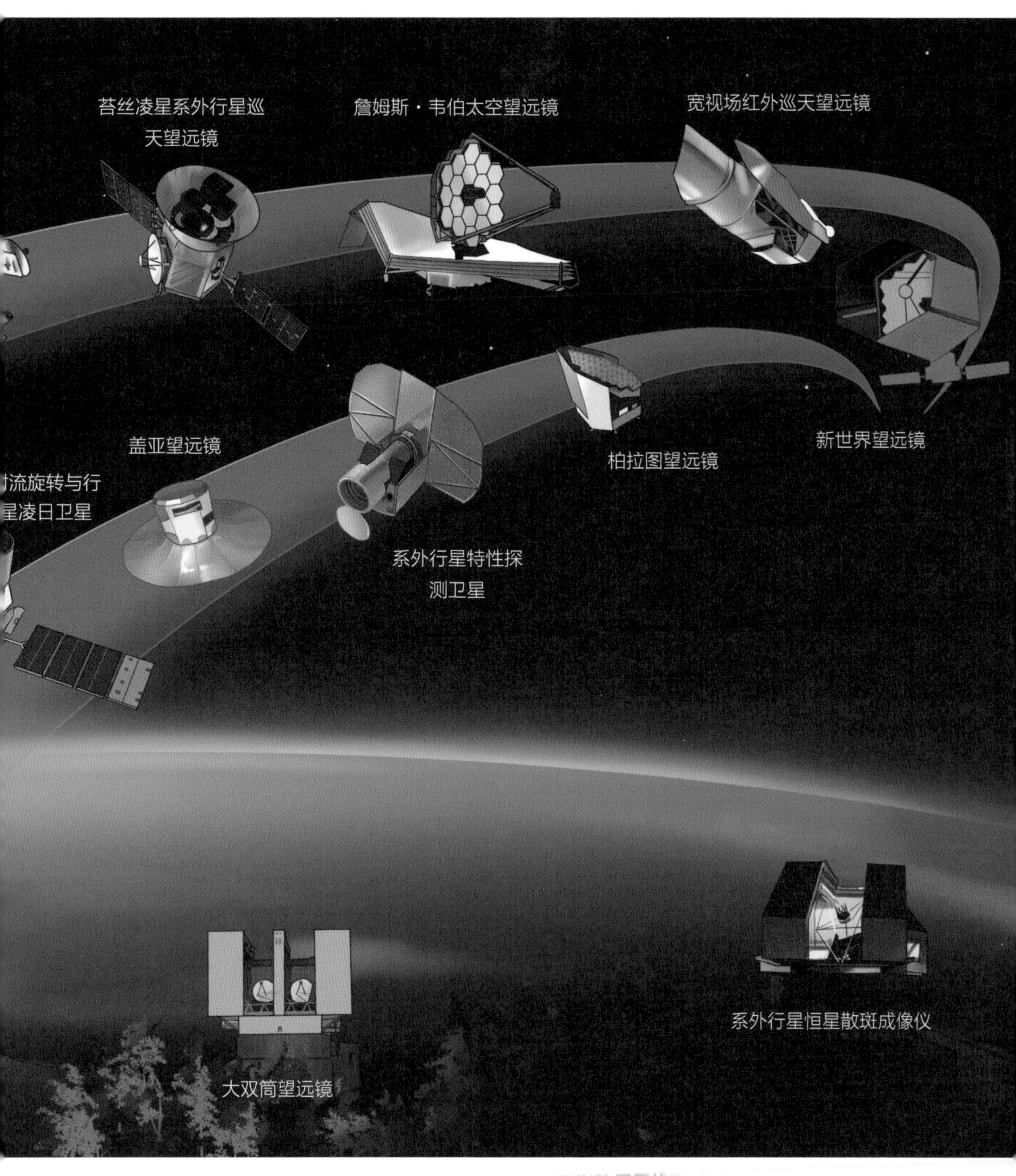

图 9-2　到目前为止，人类发射的用于找寻系外类地行星的空间天文望远镜

以美国、苏联/俄罗斯最多，登陆点主要为月球和火星。目前，在太空探索方面，虽然中国的贡献还非常有限，但随着我国向航天强国的迈进，会发射更多的探测器，为探索无限宇宙、取得重大发现做出中国贡献。其中，2020 年奔赴火星的中国“天问一号”火星探测器，便是全新的开端。我国也提出了“觅音计划”，希望能够发射一个具有国际领先技术的天文望远镜，对太阳系之外的行星进行直接观测，探索系外是否有生命存在的痕迹。

然而，人类并不满足于仅仅通过天文望远镜观测太阳系外的宜居行星。为了实地考察太阳系外是否具有生命，霍金于 2016 年 4 月宣布联合互联网投资人尤里·米尔纳（Yuri Milner）启动“突破摄星”（Breakthrough Starshot）计划（图 9–3）。该计划的目标是开发带有光帆的小型太空飞船，通过地面发射的激光将它们加速到光速的 20%，飞往距离地球最近的恒星系，即距离地球约 4.3 光年的半人马座 α 星星系，并发回照片。如果这个计划获得成功，科学家将可以判断，所探索的星系是否包含类似地球的行星以及是否有生命存在的痕迹。

图 9–3　霍金的“突破摄星”计划示意

3. 太空探索是全球聚焦的“大航天时代”

那么，人类最终要去往何处呢？回顾人类的发展史，我们可将其归纳为3个阶段：第一阶段是大迁徙时代。人类从非洲大陆起源，不断向欧亚、美洲等大陆迁徙，最终分布到地球大陆的各个角落。第二阶段是大航海时代。1299年，《马可·波罗游记》在欧洲的广泛流传激起了他们对东方文明与财富的向往，最终引发了新航路和新大陆的发现，并实现了第一次环球航行。15—17世纪，欧洲的船队在全球寻找新的贸易路线，带动欧洲新生的资本主义快速发展。第三阶段是大航天时代。这是一个人类走出地球、走向宇宙深处的全新时代。

文明伊始，人类就一直仰望神秘的星空，并梦想着飞向太空。苏联科学家、宇宙航行之父齐奥尔科夫斯基（1857—1935年）在航天科技刚刚萌芽的时候就指出，地球是人类的摇篮，但人类不可能永远被束缚在“摇篮”里。人类一直梦想着在月球建造“广寒宫”，或者更远，登陆火星。

随着科技的迅速发展，梦想逐步变成现实。2016年，在国际宇航联大会上，埃隆·马斯克发表了令人震撼的演讲：“让人类成为跨星球生存的物种。”中国的科学家也正在论证思考载人登月的可行性。美国历届政府均把载人深空探索作为太空计划的首要任务，从布什政府提出的“重返月球计划”，到奥巴马政府更加具有野心的“载人登陆火星计划”，再到特朗普政府大力实施的“阿尔忒弥斯载人登月计划”。一些私营航天公司也来凑热闹。洛克希德马丁公司提出，将在2028年前发射一艘命名为“火星大本营”的载人飞船，搭载6名航天员于2028年进入环火星轨道。埃隆·马斯克宣布，美国太空探索技术公司（Space X）将于2024年开始执行载人火星登陆计划，并将在2025年到达火星。月球已被纳入地月经济圈。美国首开先河，批准私营公司开展登月活动。且不说能否在月球上开采到有用的资源，美国的鼓励是否会掀起月球圈地运动，但不管怎样，随着人类文明的发展和科技的进步，人类探索的疆域逐步向海洋、大气、近地轨道、月球和深空拓展。21世纪，人类将有望实现地外移民，小行星、火星等地外天体将留下人类的足迹。正如大航海时代创造的奇迹一样，载人深空探索带来的大航天时代将会创造人类发展史的下一个奇迹。错过了大航海时代，不能再错过大航天时代！

目前，包括中国、美国、俄罗斯和欧洲在内的 14 个国家和地区的航天局达成了太空探索的全球共同目标：拓展人类在太阳系的存在，理解我们在宇宙中的位置，并形成月球轨道深空之门载人空间站、月面有人探索、载人火星探索的全球探索路线图。我国在 2022 年将会建成自己的空间站。这将使我们在地球轨道上具备生存的能力，下一步中国的航天员就要飞向月球，将在月球上建立科学探索的基地，并逐步实现在月球上长期生存的愿望。

实际上，我国的万户是世界上第一个尝试利用火箭载人飞向太空的英雄。美国火箭学家赫伯特 · S. 基姆在他 1945 年出版的《火箭和喷气发动机》一书中提道："14 世纪末，有一位中国的官吏，他的官职为万户。因其姓名没有明文记载，所以后人就把他叫作万户了。他在一把座椅的背后，装上了 47 枚当时能买到的最大火箭。他把自己捆绑在椅子的前边，两只手各拿一个大风筝。然后，他叫仆人同时点燃 47 枚大火箭，目的是借火箭向上推进的力量、加上风筝上升的力量飞向天。"苏联两位火箭学家费奥多西耶夫和西亚列夫也在他们的《火箭技术导论》中提到，中国不仅是火箭的发明者，也是"首先企图利用火箭将人载到空中的幻想者"。

中国的现代航天从1956年开始。当时，被誉为"中国航天之父""中国导弹之父"的世界著名科学家钱学森向中央递交了《建立我国国防航空工业的意见书》，并受命组建中国第一个火箭、导弹研究所——国防部第五研究院，并担任首任院长。中国于1970年4月24日成功发射第一颗人造地球卫星"东方红一号"，是继苏联、美国、法国和日本之后，世界上第五个能独立发射人造卫星的国家。2003年10月15日，中国"神舟五号"载人航天飞船升空。航天员杨利伟成为中国进入太空的第一人，实现了中华民族千年飞天的梦想。2007年10月24日，"嫦娥一号"发射成功并实现了绕月飞行，中国成为世界上为数不多具有深空探测能力的国家。中国航天经过60年的发展，铸就了"东方红一号"卫星、"神舟五号"载人航天飞船、"嫦娥一号"月球探测等中国航天发展的三大里程碑。近年来，我国实施了载人航天与探月工程、高分辨率对地观测系统等重大科技工程，取得了举世瞩目的科技成就。

二、行星宜居性

1. 行星宜居性条件

行星宜居性研究的主要目的是寻找地外生命及适合人类居住的行星。根据现有的科研结果，地球是迄今为止唯一有生命存在的星球。绝大部分宇宙空间接近绝对零度、真空，难以存在生命。只有非常稀少的星球可能存在稠密的大气、适宜的温度和液态的水，有望成为生命的绿洲。如何确定生命存在所需要的环境条件和区域是当前的研究热点，因此科学家开展了关于“宜居带”（habitable zone，图 9–4）的讨论。由于液态水被认为是生命存在必不可少的基本条件，所以美国 NASA 将“跟随水（follow the water）”作为搜寻地外生命的战略。因此，一颗恒星在其一定距离范围内，若具有表面液态水存在的热力学条件，那么它就被认为有更大的机会拥有生命或至少拥有生命可以生存的环境。这个距离范围被定义为宜居带。宜居带中

图 9–4　宇宙中的宜居带示意

的行星在恒星热辐射和行星大气温室效应的综合作用下，应具有适宜的温度。水既不会常年结冰，也不会完全汽化，可以维持一个稳定的液态海洋存在。

近年来，科学家通过天文望远镜开展了大量系外行星的搜寻研究，利用天文方法找到了很多系外行星，但发现处于宜居带的行星却非常少（图 9–5）。我们的地球恰好处在太阳的宜居带中，孕育了生机勃勃的地球生物圈。地球的两个近邻——金星和火星，则处在宜居带的边缘。金星处于宜居带内侧，距离太阳近，太阳辐射能量强度大，表面温度高达 500℃，大气压约为地球的 90 倍，无法存在液态水。火星处于宜居带的外缘，距离太阳较远，太阳辐射能量强度小，平均温度为 –63℃，水和 CO_2 分别以水冰和干冰的形式在两极形成极冠。

具有一般性生命存在的判据包括：①能够维持热力学非平衡的条件，只有非平衡的系统，才能够从无序到有序，最终演化出生命的各种形态；②能够维持共价键

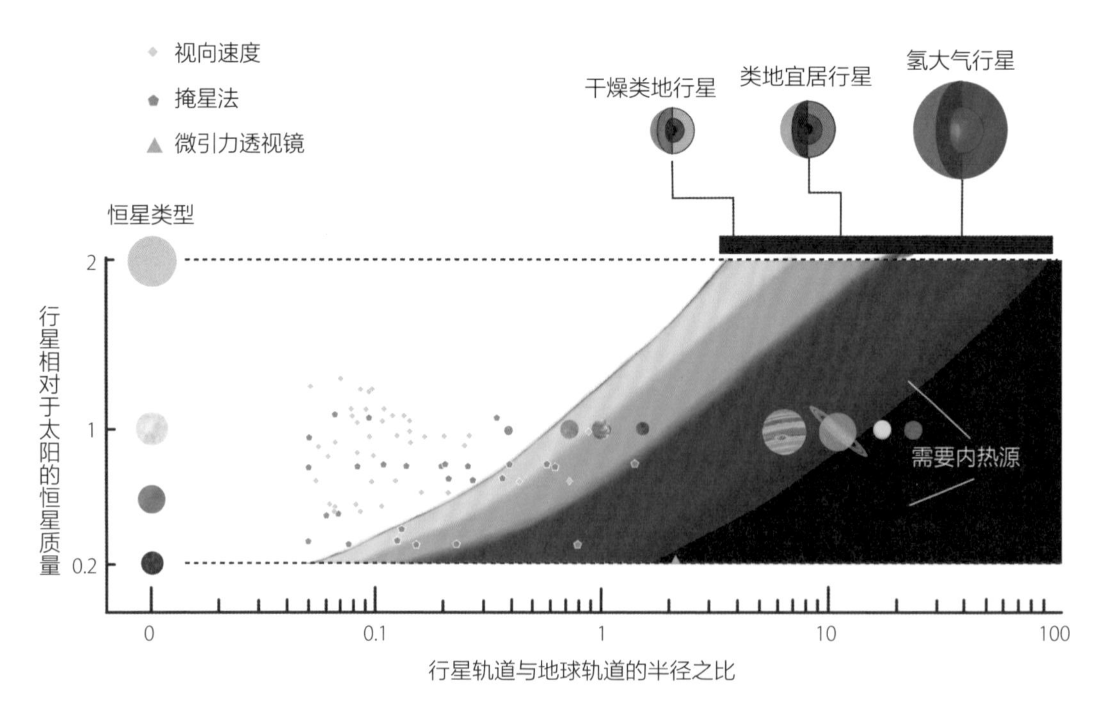

图 9–5　宜居带位置示意

注：蓝色区域是理想的宜居带。

的环境，尤其是碳原子之间，碳原子和氢以及其他原子之间，只有这样，才能形成生命有机物；③要有液态环境；④能够支持达尔文演化的自我复制分子系统。最近的研究发现，潮汐、地热等具有能量，在这些能量区域内产生的热力学非平衡也可能会孕育生命。研究发现，土卫六、木卫二（图 9-6）的表层之下，可能存在液态的海洋。这些液态海洋在潮汐力下聚集能量，也会产生热力学的非平衡状态。因此，我们猜测这些海洋深处就有可能孕育我们所不知道的一些生命形态。

图 9-6　木卫二表层下可能存在孕育生命的液态海洋

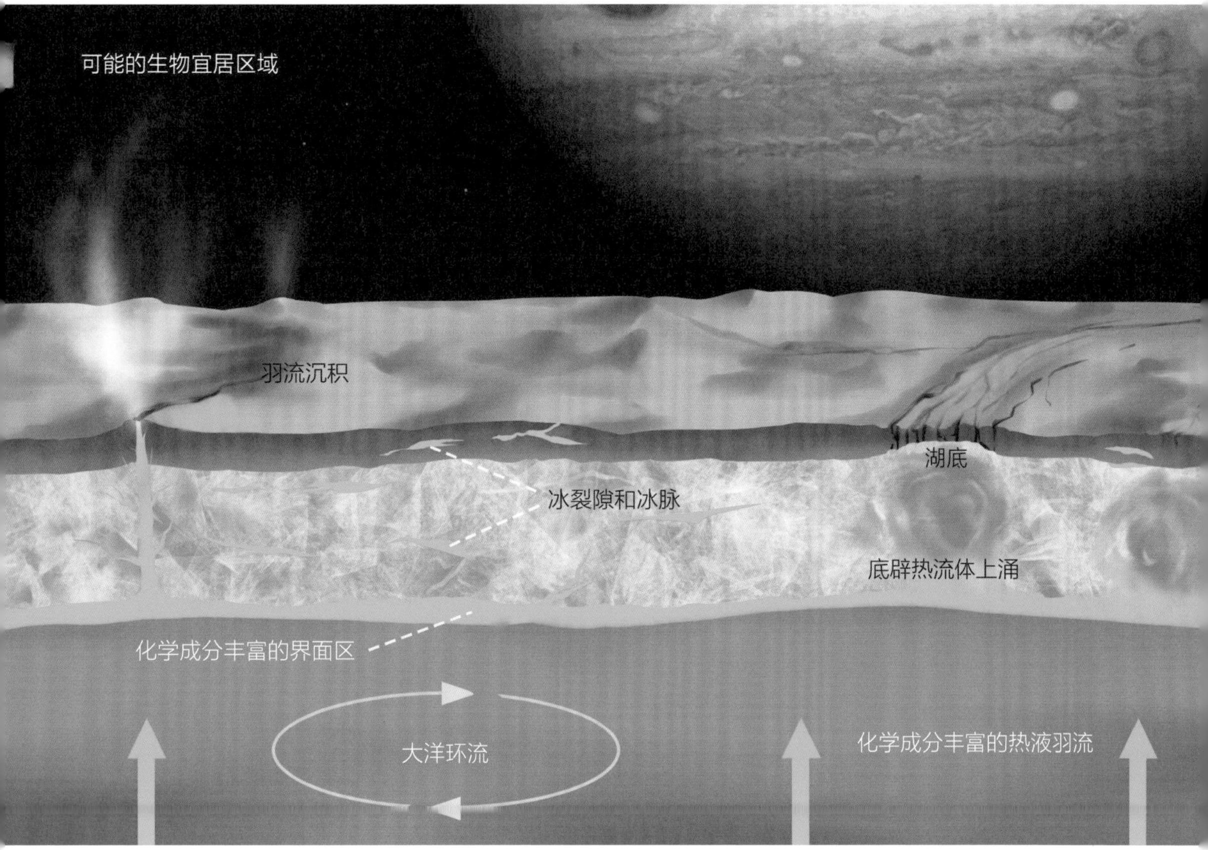

2. 火星

火星是太阳系八大行星之一，是地球的近邻。在火星上，水和 CO_2 一般以固态冰的形式存在。发现水就有可能发现生命，因此科学家从没有停止在火星上寻找水的脚步。火星上虽然没有海洋、河流，但具有丰富的水冰资源，甚至以升华 / 凝华的方式形成季节性的全球水循环。火星北极冰盖的直径大约为 800km，集中在北极附近，主要分布着永久沉积的水冰，其上覆盖有数米厚的干冰。火星南极冰盖的直径略小，为 200~300km。

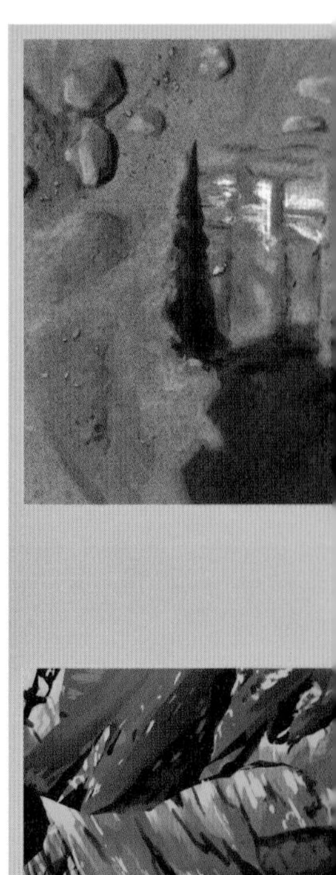

近些年，关于火星水资源的研究取得了一系列重大发现（图 9–7）。2008 年 6 月 20 日，“凤凰号”火星探测器在火星的登陆点附近发现两种水冰沉积。它暴露后很快就消失。2015 年 9 月 28 日，美国 NASA 宣布，发现火星上存在流动的液态水，并进一步确认其为一种水合矿物质（高氯酸盐化合物）。这种含盐水体将能够改变火星表面水体的冰点与沸点，因此具备存在液态水的条件。2018 年 1 月 12 日，一个美国研究小组在《科学》（Science）杂志上发表了一篇论文，公布他们研究火星地下冰层的最新发现。他们使用美国 NASA 的火星勘测轨道飞行器（Mars Reconnaissance Orbiter，MRO）上安装的高清晰度科学实验成像仪（High Resolution Imaging Science Experiment，HiRISE）发现了火星地下冰层的垂直结构。在火星的中纬区域，地表下 1~2m 的浅层就能发现水冰沉积，向下延伸的厚度超过 100m。2018 年 7 月 25 日，意大利科学家宣布，通过分析火星轨道器低频雷达回波信号，发现在南极冰面下可能存在 20km 宽、1.5km 深的液态湖。2019 年，欧洲利用火星生命探测任务的痕量追踪气体轨道探测器开展了火星全球水资源分布普查。研究发现，火星表面有广泛分布的永冻层（图 9–8）。

“凤凰号”火星探测器正在挖掘沟槽中的冰及霜

火星地下冰层

火星表面液态水（高氯盐酸水）

火星冰下液态湖

图 9-7　火星丰富的水资源

赤道附近的水迹可能象征着浅层永久冻土、水合矿物的存在，
也可能代表过去火星极地的位置

A

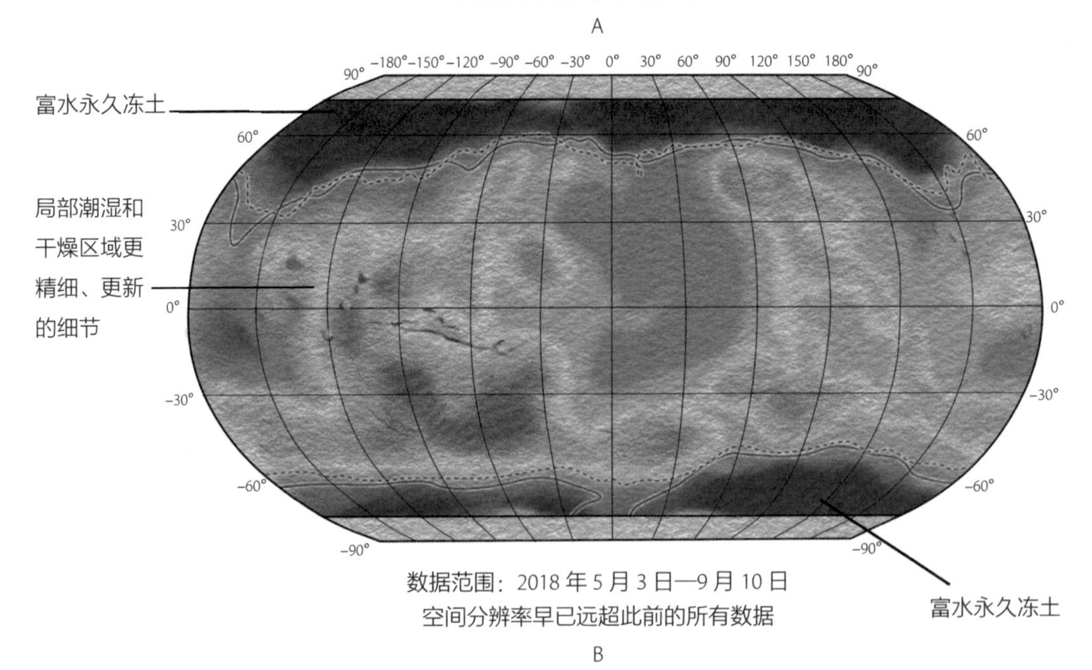

数据范围：2018 年 5 月 3 日—9 月 10 日
空间分辨率早已远超此前的所有数据

B

图 9-8　火星痕量追踪气体轨道探测器的探测原理（A）和首批研究结果——第一张火星次表层水分布图（B）

3. 月球

月球是地球唯一的天然卫星。在人类尝试登陆火星之前，月球是我们去往火星的“中转站”和“训练场”。我们需要先在月球上建立科研基地，探索原位资源利用的方法并锻炼人类地外生存的能力。

“嫦娥一号”卫星获取了月球表面三维立体影像，为月面软着陆区选址和月球基地位置优选提供基础资料。利用“嫦娥一号”获取的数据制作的全月球影像图，被认为是目前世界上已公布的最为清晰、完整的月球影像图（图 9-9）。

水是生命存在的条件，也是人类地外生存的基础。处于真空环境下的月球上有水吗？月球上的水来自哪里？关于月球水的问题，一直以来受到广泛的争议和探讨。月球存在水冰的设想最早是由美国科学家肯尼思·沃森等在 1961 年提出的。他们认为，月球两极一些撞击坑底部存在太阳照射不到的永久阴影区（Permanent Shadow Region，PSR），温度基本维持在 -233.15℃左右。因此，在此区域沉积了大量不同形态的水资源，也被认为是目前月球水含量最为丰富的区域。

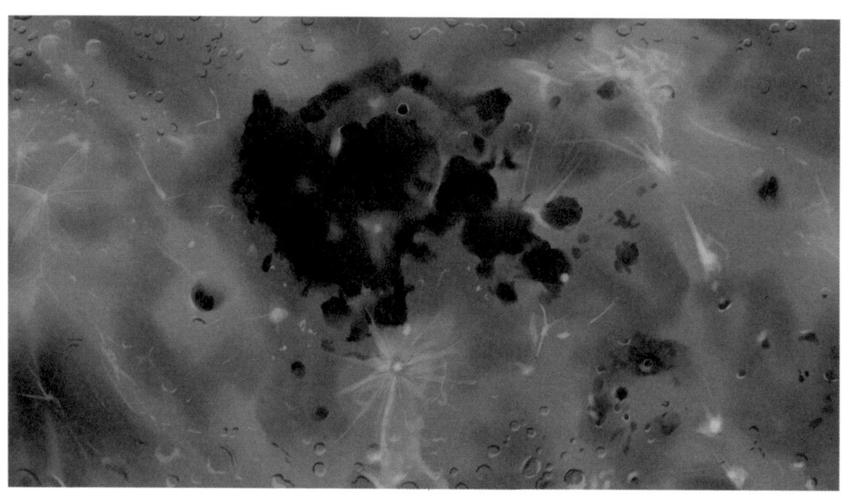

月球北极

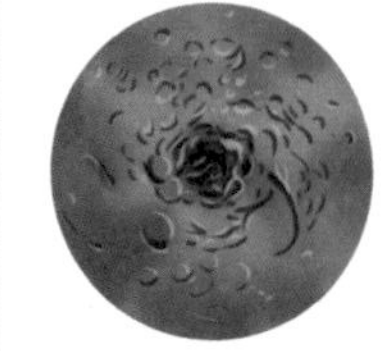

月球南极

图 9-9　中国首次月球探测工程获取的全月球正射影像图

1994 年，美国发射了“克莱门汀号”月球轨道探测器，开展了双基站雷达实验。雷达回波信号分析表明，月球上可能存在水冰。1998 年，美国发射的“月球勘探者号”探测器的中子探测仪探测结果表明，在月球两极地区存在丰富的氢。因此，科学家推测月球极区可能含有丰富的水冰资源。但这两次的探测结果都存在争议。2009 年，美国发射了“月球陨坑观测与遥感卫星”（Lunar Crater Observation and Sensing Satellite，LCROSS）。LCROSS 的主要任务是通过撞击月球表面，探测月球永久阴暗区是否存在水。LCROSS 在卡比厄斯（Cabeus）环形山撞击形成了一个直径为 28m、深 5m 的陨石坑，并且溅射形成尘埃羽流（图 9–10）。科学家发现，羽流中含有（5.6 ± 2.9）% 的水冰。2019 年，科学家通过美国 NASA 的月球大气与

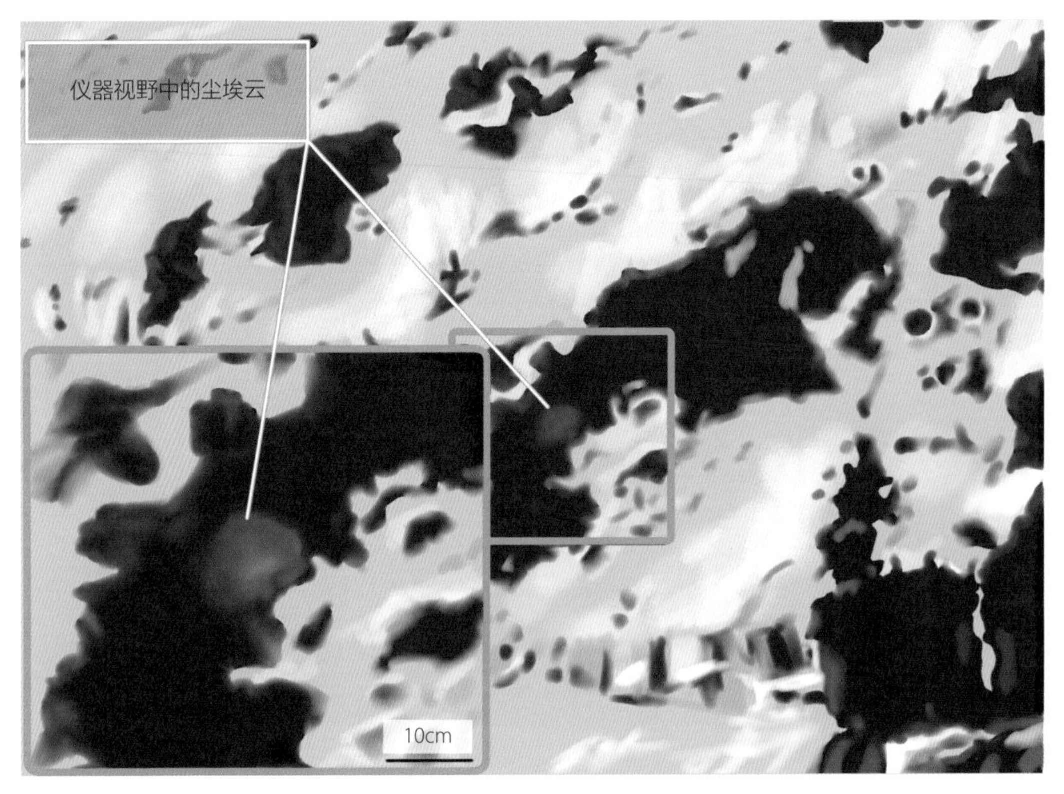

图 9–10　LCROSS 探测器撞击卡比厄斯环形山形成的尘埃云影像图

粉尘环境探测器（Lunar Atmosphere and Dust Environment Probe，LADEP）分析微流星撞击产生的羽流（图 9-11），认为在 8cm 之下的月壤中均匀分布着水，含水量为 0.05% 左右。虽然那次探测到的水含量很少，但证明了水不仅仅存在于永久阴影区，在月球表面也分布广泛。

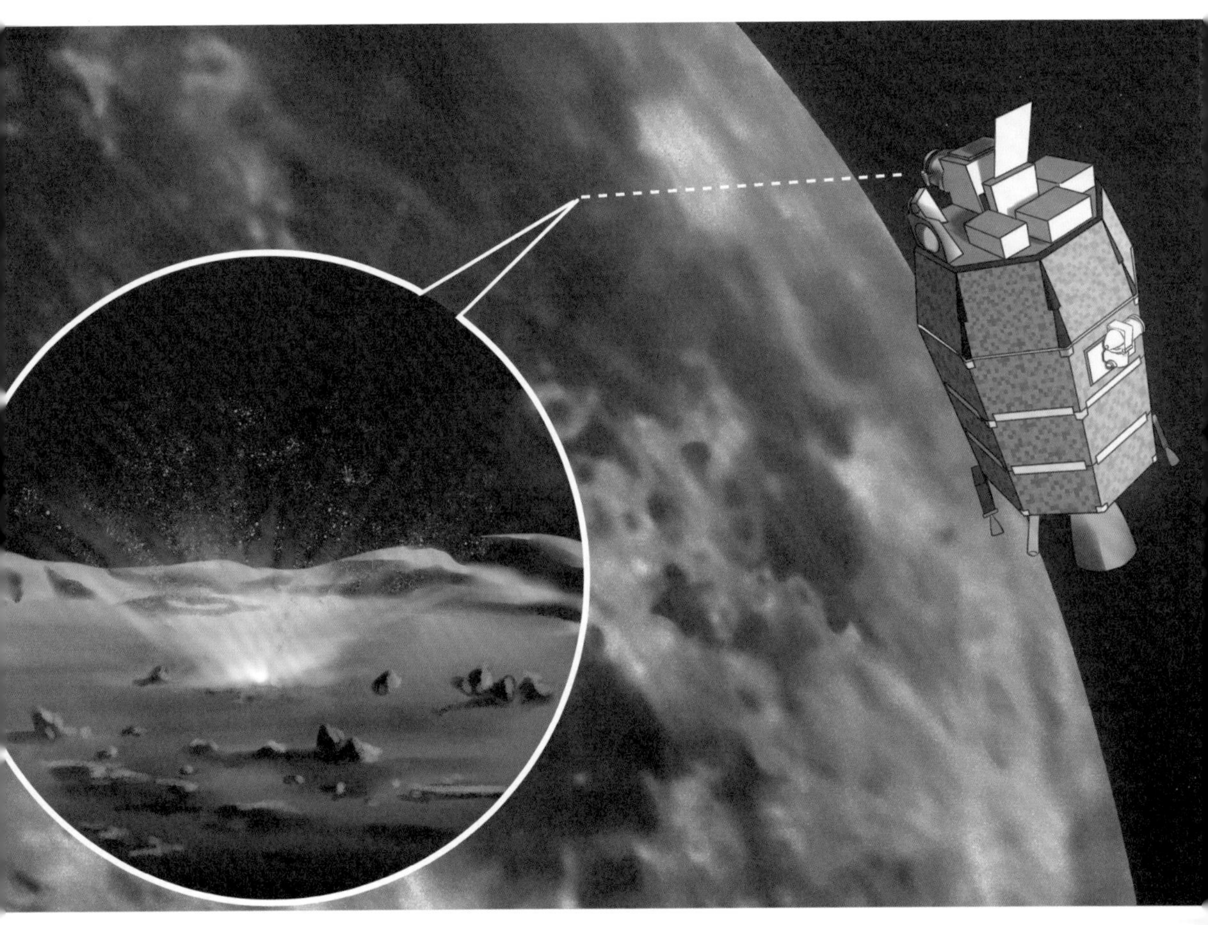

图 9-11　微流星撞击月球

三、支撑人类地外生存的原位资源利用方法

1. 人类地外生存的基础

如果我们人类未来要移民月球和火星，就不得不思考我们如何在地外生存？人类的生存无时无刻都离不开 O_2、水等物质以及热量、电力等能量。这些在地球上唾手可得、易于获取的生存资源，在我们飞出地球、走向太空之后，将变得无比珍贵。地外生存是人类实现长期太空飞行（地球和月球轨道任务、地火长期飞行任务）、地外长期居住和地外移民（月球和火星基地）的基本能力。面对一个遥远的、存在众多未知因素的星球，人类的地外生存会面临一系列前所未有的科技挑战。

美国 NASA 总结了每位航天员在太空中需要的生活物资以及排出的废物。平均来说，一名航天员平均每天需要 5.02~30.74kg 的生活物资，每年需要 11.3t 的生活物资。其中，一位航天员平均每天要消耗 0.84kg 的氧气，同时要排出大约 1kg 的 CO_2（图 9-12）。可以看出，航天员对生活物资有大量的需求。现在的国际空间站和我们独立建造的中国空间站，为维持航天员在空间站中的工作和生活，需要通过发射货运飞船的形式，定期从地球携带物资为空间站提供物资补给。这给空间站运营带来昂贵的成本。火星离我们非常遥远，约需要 180 天才能到达、15 天才能降落至火星表面，需要在火星表面停留 600 天到达下一个窗口期才能返回。以一个最小乘员组（6人）的载人火星探索为例，即使采用先进的物资再生循环利用技术，要保证一个任务周期人类的长期生存，需要 18t 的物资需求。这就是为什么美国 NASA 曾设计出一个重达 400t 的“火星船”。对于航天发射任务来说，是要“克克计较”的，更何况是以百吨计算的发射物资。这样的航天计划成本高昂，无法真正实施。因此，若人类想真正实现地外生存，就必须摆脱对地球母亲的依赖，充分利用地外的原位资源，就地取材，满足自身需求。

5.02~30.74［kg/（人·天）］

日均输入量（kg）	
O_2	0.84
固体食物	0.62
食物中的水	1.15
准备食物的用水	0.79
饮用水	1.62
盥洗用水	1.82
喷淋用水	5.45
洗衣用水	12.50
洗碗机用水	5.45
冲厕用水	0.50
总计	30.74

资源与循环利用

水循环再生反应器
空气再生反应器
环境传感器
微生物监测器

11.3［t/（人·年）］

日均输出量（kg）	
CO_2	1.00
呼吸和汗液中的水	2.28
尿液中的水	1.50
粪便中的水	0.09
排汗固体物	0.02
排尿固体物	0.06
排便固体物	0.03
卫生用水	6.68
洗衣用水	11.90
洗衣隐形用水	0.60
其他隐形用水	0.65
洗碗机用水	5.43
冲厕用水	0.50
总计	30.74

图 9-12 航天员的物资需求表

2. 原位资源利用体系

月球、火星和其他天体上，存在丰富的O、水、C、N、金属等自然资源（图9-13）。原位资源利用（In Situ Resource Utilization，ISRU）是把太空可原位获取的资源转换为航天任务需要的各种产品的新方法。通过利用原位资源，可在其他星球上原位获取人类生存和活动所需的基本能源和物资。这将大大减少从地球补给的需求，降低太空探索的发射重量、成本和风险，使人类具备“脱离地球的生存能力”，真正实现可承受、可持续的太空探索。随着人类探索疆域的拓展，重返月球、载人火星等极具挑战性的航天任务逐步提上日程，在地外天体表面如何有效地实现原位资源的综合利用，成为实现人类太空疆域拓展亟须解决的首要难题。原位资源利用在航天领域备受关注，我国的叶培建院士将其列为载人深空探索颠覆性、变革性的技术，美国NASA技术路线图将其列为载人深空探索优先发展的首项技术。这也是我国未来深空载人航天领域研究的核心问题。

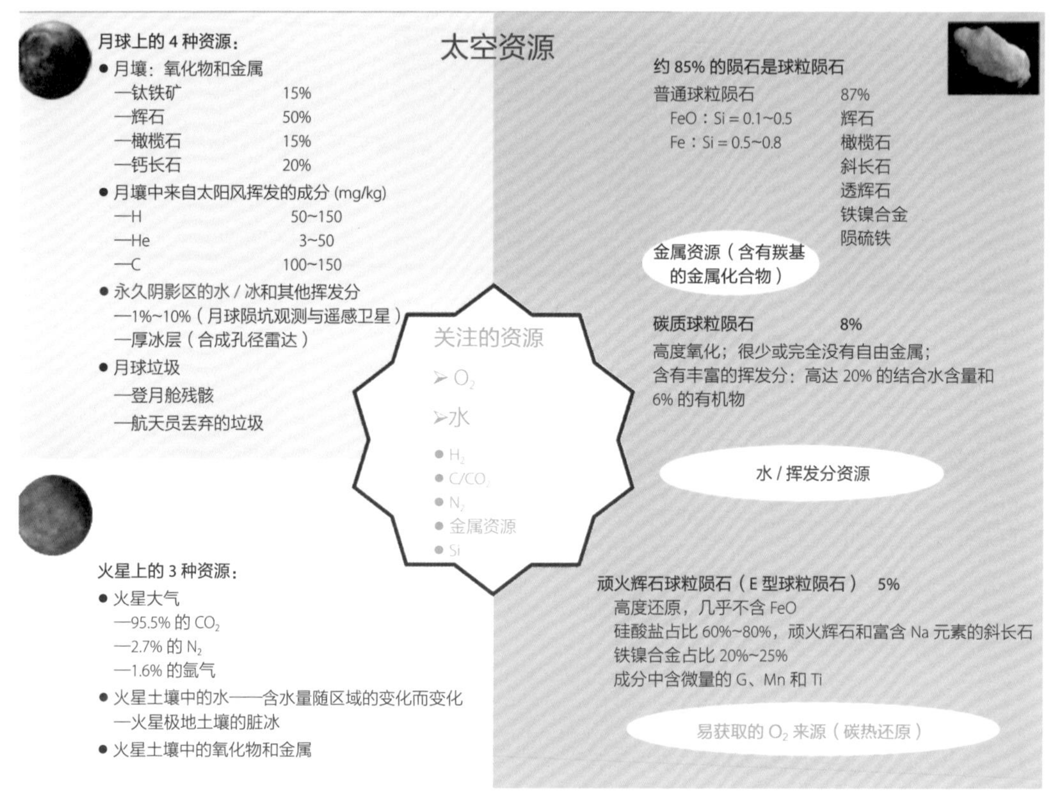

图 9–13　太空资源分布（火星、月球和小天体）

原位资源利用包含非常丰富的内容，需突破地外原位资源勘探与评估、地外原位资源提纯、生产生活物资的原位制备、基地设施的原位建造以及关键部件的原位制造等关键难点，包括发展原位资源探测、采样和分析仪器，量化行星大气、行星表面和浅层地下成分组成以及理化特性，获取行星环境、地形、地质和资源信息的综合数据，精确确定行星矿区及原位资源的可开采性；开展大气气体资源收集、过滤、富集，从含冰星壤中钻探、提取、分离和净化饮用水，从星壤中选矿、冶炼并提取金属等生产元素；通过光电化学、微生物等方法实现 O_2、化学燃料、有机物的转换制备；通过星壤颗粒输运、分离和 3D 打印，实现基地设施、辐射防护、关键部件的原位建造与制造（图 9–14）。

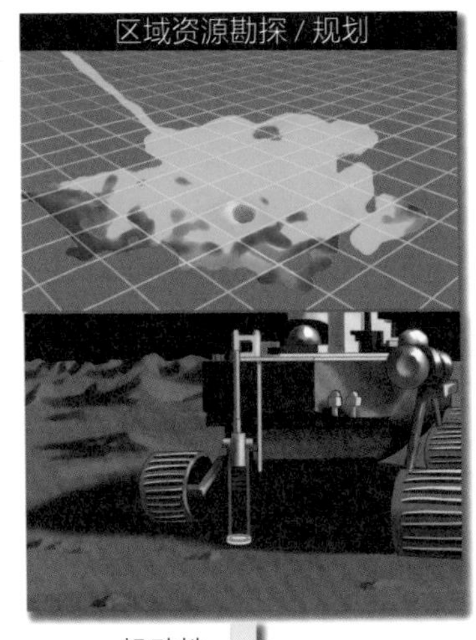

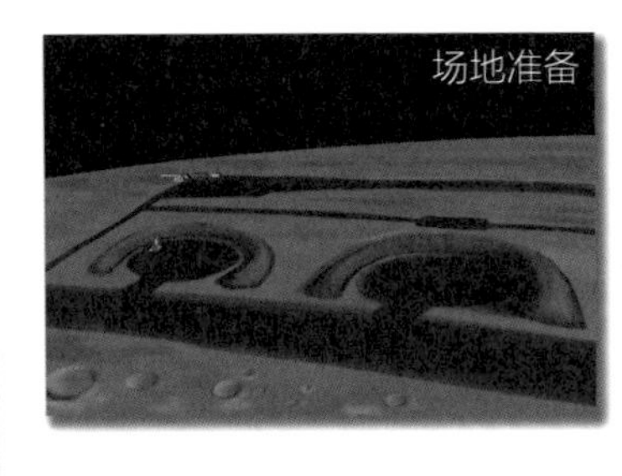

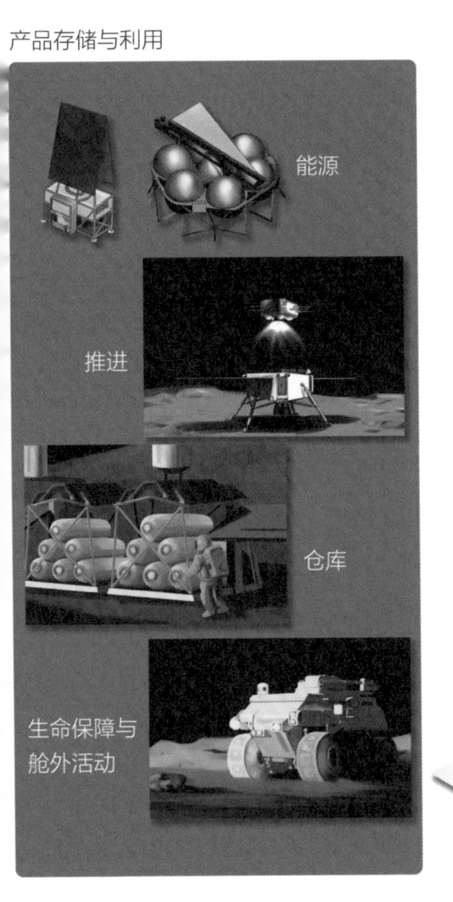

图 9-14　原位资源利用体系

3. 地外天体水资源提取

在地球上极其容易获得的水资源，在火星、月球中需要经过一系列复杂的过程才能提取到。就像地球上的石油资源一样，地外水资源将是重要的战略资源。利用中子能谱仪、近红外光谱仪等科学探测仪器探明地外星球含有水的特定区域、水的分布和含量、开采的价值后，我们钻取或挖取含水物质，通过加热、冷凝等处理来获得纯净的水资源。

美国科学家设计了一个“蜜蜂机器人”（图 9–15），钻取星壤中的水冰成分，在放射性同位素热源的加热下挥发成气体，然后通过冷凝腔液化成水，实现含冰星壤的水资源提取。

对于月球、火星等靠近太阳的星球，有丰富的太阳能可以利用。在月球上，水很可能被封存在极区撞击坑底部太阳照射不到的永久阴影区内。我们面临着有水的地方没有光，有光的地方没有水的困境。为了能够提取永久阴影区内的水冰资源，科学家设计了巧妙的反射镜方法，将太阳能反射到撞击坑底部没有光照的区域。在此基础上，科学家进一步提出了热采矿概念（图 9–16），在地外天体的表面构建一个温室，太阳能汇聚到温室内加热表面星壤，使水分挥发出来并通过冷

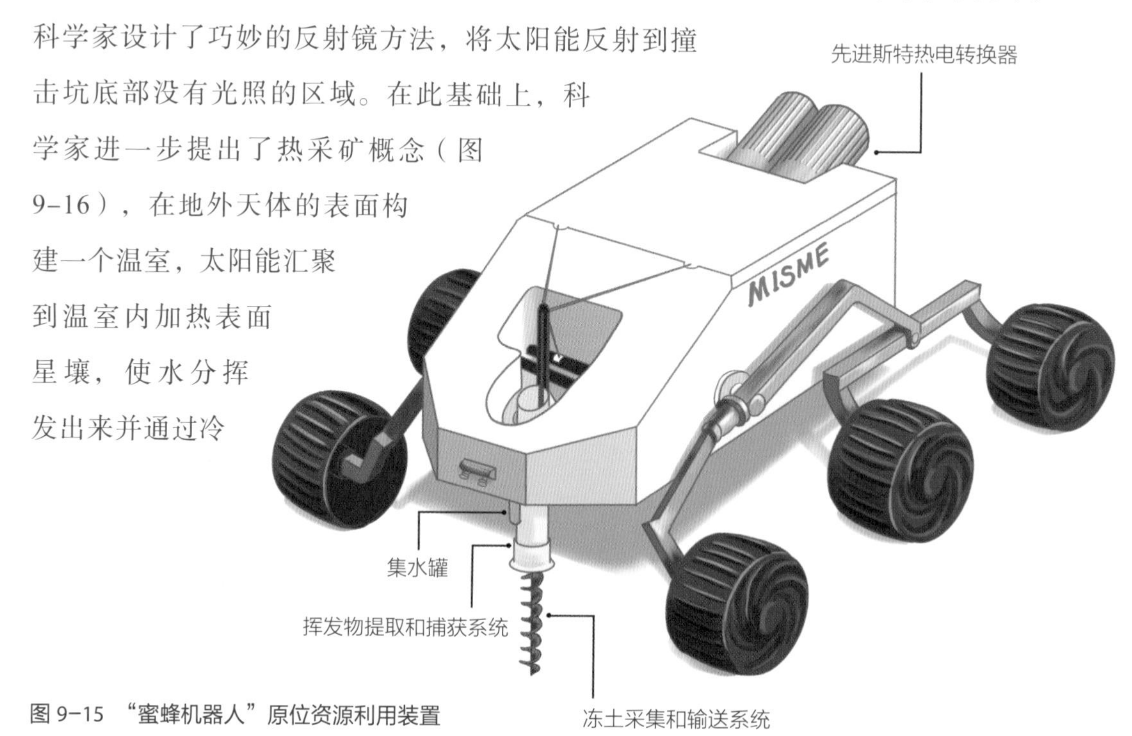

图 9–15 “蜜蜂机器人”原位资源利用装置

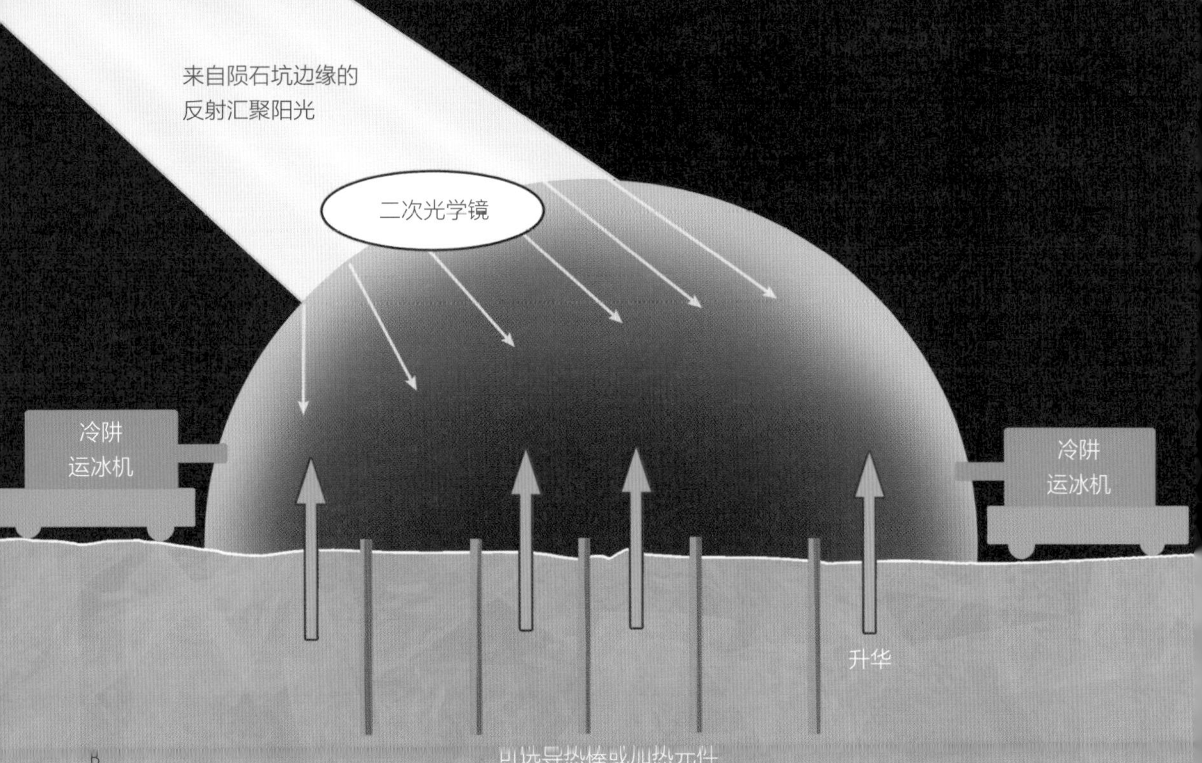

图 9-16　热采矿概念示意

注：A. 太阳反射镜；B. 利用光热开采水冰资源。

阱收集。为了有效利用太阳能来提取地外天体的水冰资源，钱学森空间技术实验室创新性地提出了钻取一体化的光热水资源提取方法（图 9–17），将太阳能直接导入富含水冰的次表层深度进行加热，实现高效的水资源提取。

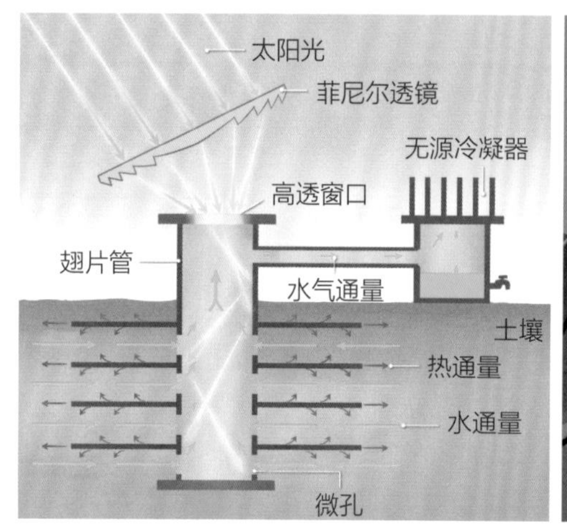

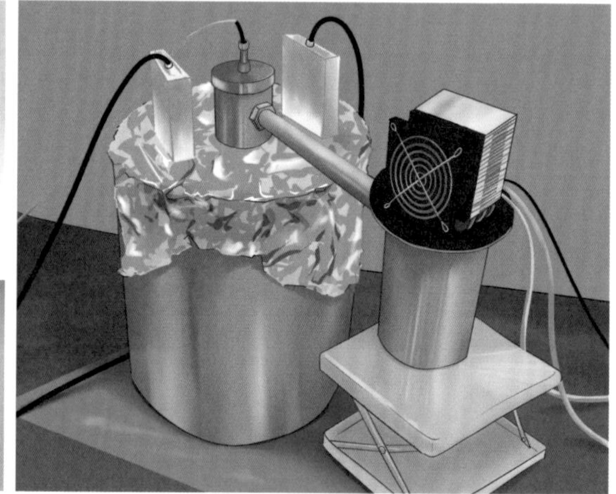

图 9–17　钻取一体化的光热水资源提取方法示意

4. 地外人工光合成

人类脱离地球，开展太空探索的活动中，必须有 O_2、燃料和营养的长期持续供应。将人类呼吸产生的 CO_2 转换为 O_2，实现密闭空间的废弃原位资源再生循环，可大大降低载人空间站、载人深空飞船的物资供应需求。同时，利用火星等地外大气环境中丰富的 CO_2 和水原位资源生产 O_2 和燃料，可满足人类在其他天体上长期生存和深空往返推进运输的物质供给，是支撑可承受、可持续的载人深空探索任务的重要基础。目前，围绕载人深空探索任务，美国和日本等正在开展 CO_2 转化的热解和电解系统研制，包括萨巴蒂尔（Sabatier）反应器和电解水装置、固体氧化物电解装置。

我们知道，地球大气中的 O_2 主要源于自然光合作用。它通常是指绿色植物（包括藻类）吸收光能，把 CO_2 和 H_2O 合成富能有机物，同时释放 O_2 的过程。另外一个星球还未能构建完整的生态系统之前，难以通过自然光合作用来实现 CO_2 向 O_2 的转换。但是，我们是否可以开发合适的材料，模拟地球上绿色植物的自然光合作用，通过光电催化方法（图 9–18），原位、加速、可控地将 CO_2 转化为 O_2 和含碳燃料？

图 9–18　H_2O/CO_2 人工光合成转换过程

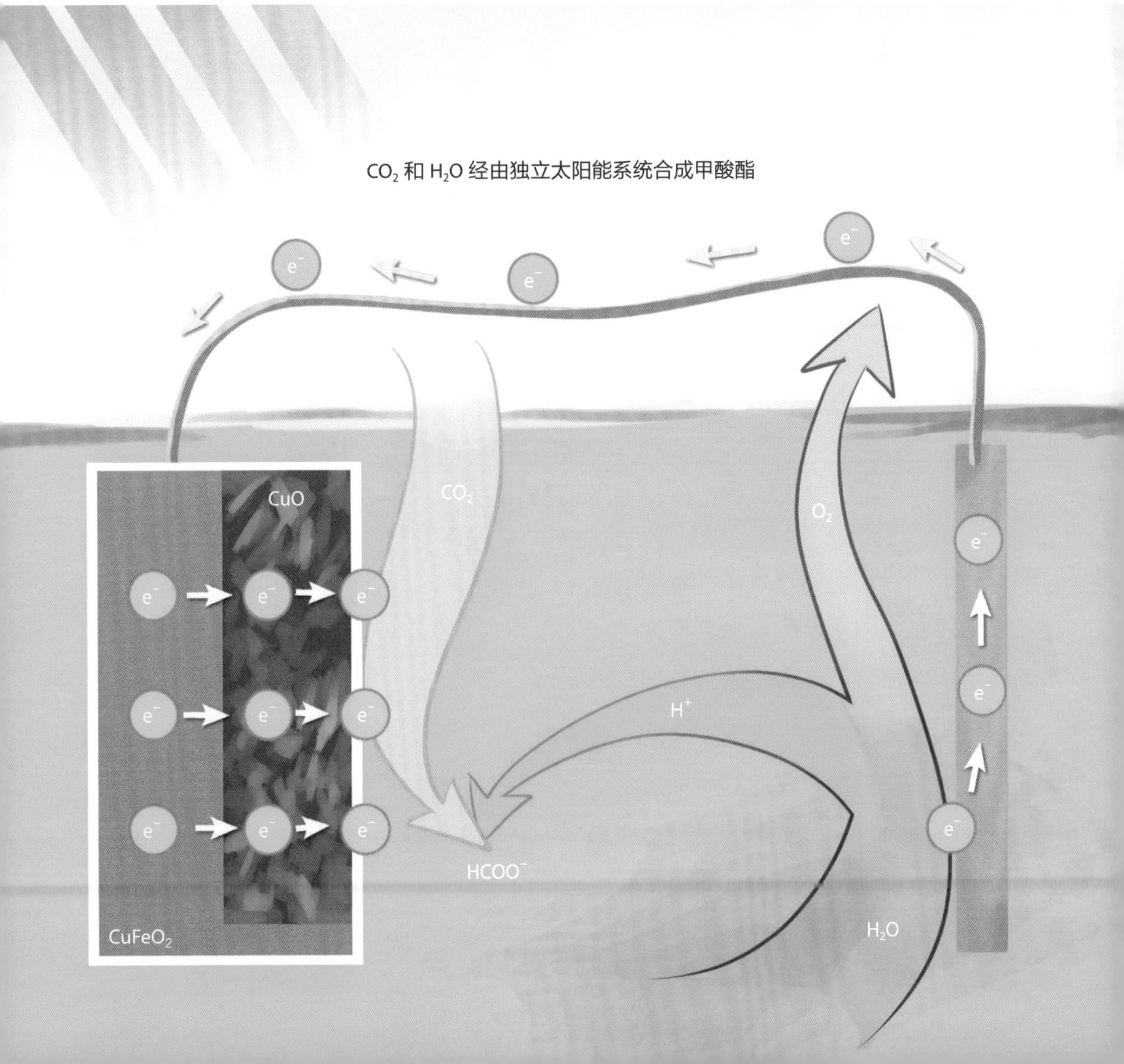

因此，钱学森空间技术实验室提出了地外人工光合成（图 9-19）的概念，并正在开展地外人工光合成装置研制。与传统的 CO_2 转化利用技术（如热化学法、电化学法等）相比，利用太阳能和半导体材料的地外人工光合成技术通常是在常温、常压下进行的，除需要太阳能等地外能源以外，不耗费其他辅助能源，并可获得清洁可再生的化学能，因而被认为是太阳能转换和存储的绿色化学方法之一。

5. 星壤储能发电

为乘员和科学仪器昼夜持续不断地提供电能和热能是实现载人登月任务的重要保障。因月球夜晚长达 350h，为满足登月舱或月球基地的能量供应要求，科学家需把太阳能—储能电池和核反应堆电源能源系统的所有部件从地球发射到月球上。这就极大地增加了发射重量。在载人深空探测中，我们必须对星表原位资源加以充分有效利用，以减少航天器所携带的物质，并满足

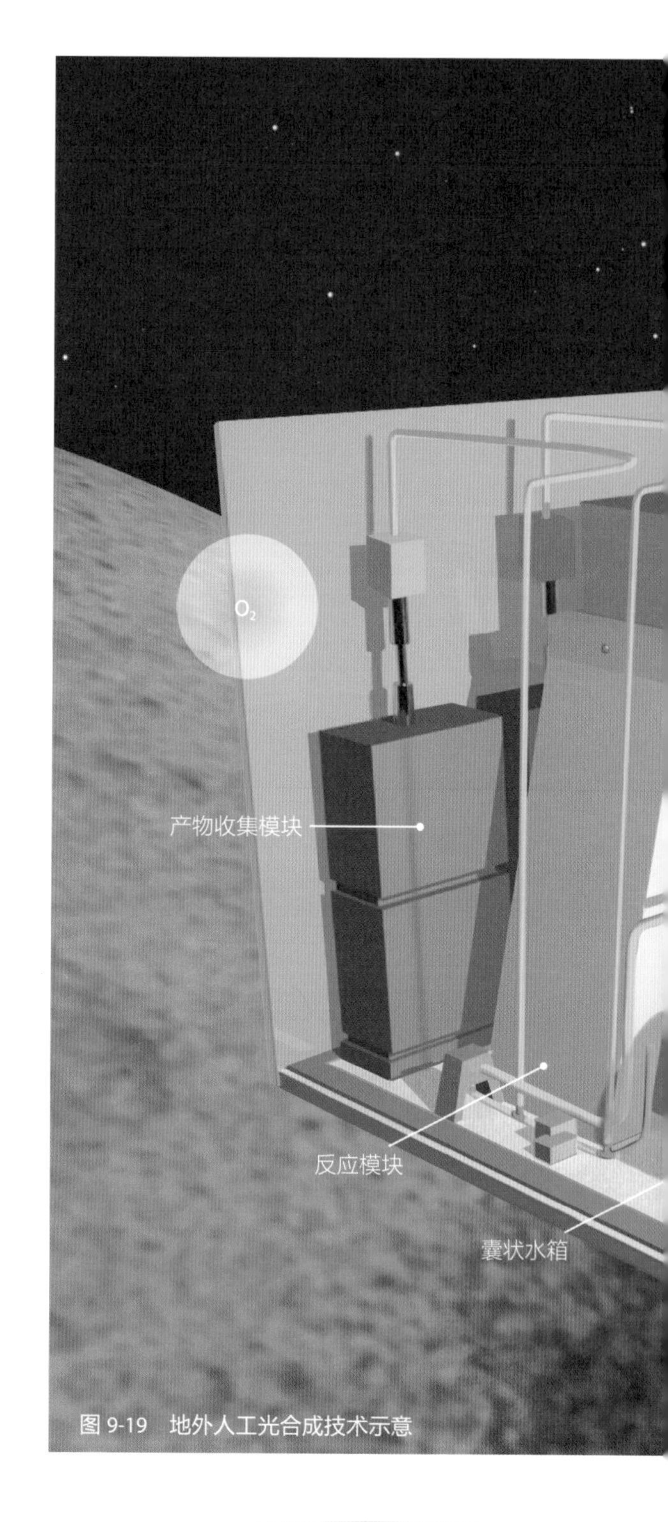

图 9-19　地外人工光合成技术示意

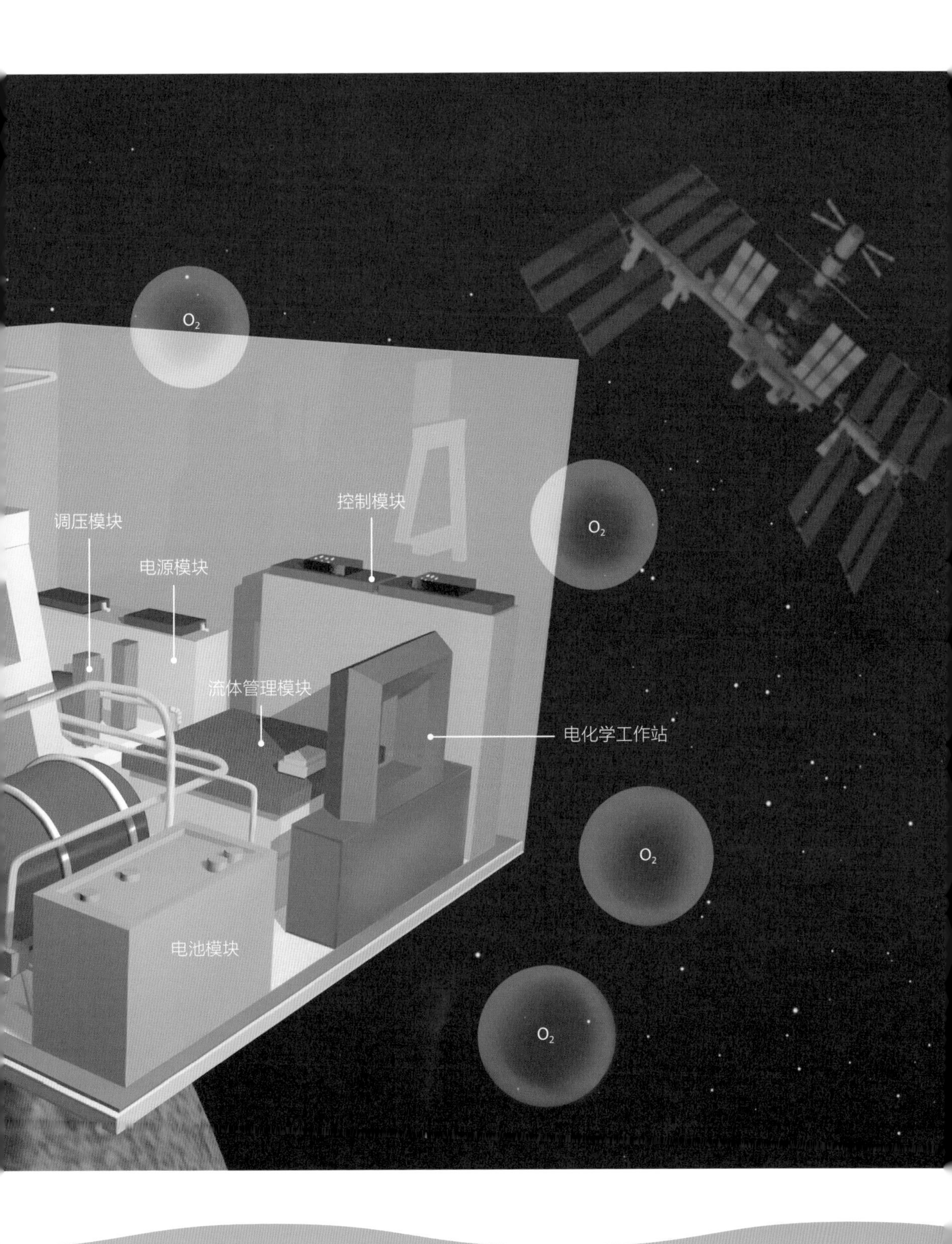
O_2
调压模块
电源模块
控制模块
O_2
流体管理模块
电化学工作站
O_2
电池模块
O_2

能源和生命保障等各项要求。钱学森空间技术实验室提出了将月壤资源进行致密化处理后，作为天然的蓄能材料，白天吸收储存太阳辐射热，并通过发电装置,实现昼夜不间断的电能和热能供应，以满足载人登月任务中的科学探测仪器、人员生命保障的能源需求。这个新方法为月球基地的能源供给提供了新途径。

6. 原位资源的建造与制造

未来，我们将会在月球和火星上建设科考站和人类居住庇护所，甚至村落和城市。这将需要大量的建筑材料，不可能从地球上运输过去,只能就地取材，利用当地的星壤资源进行原位建造。近期，美国和欧洲都提出了通过三维 3D 打印的方式在月球上建造基地的设想(图 9–20 ）。与黏结成型的疏松、轻质建筑结构不同，有些关键结构件和功能部件需要非常致密。因此，钱学森空间技术实验室提出了静电输运聚光熔融 3D 打印的新方法，利用保守静电力实现真空下的星壤颗粒输运，通过太阳光聚光实现星壤颗粒熔融烧结，从而实现月壤的致密化原位制造。

图 9–20　欧洲航天局通过 3D 打印机器人建造月球基地示意

四、结束语

正如著名经济学家鲍尔丁所形容的那样："地球就是太空船。"人类唯一赖以生存的地球是茫茫无垠的太空中一艘小小的飞船。通过极端恶劣环境、极度资源匮乏的人类长期地外生存的探索，我们反观地球，人口和经济的不断增长将使人类面临与载人深空探测一样的"有限资源窘境"。地外生存探索不仅会极大地促进我们对人类和地球生命本质的认识以及对地球环境与复杂的生态系统的深刻理解，还可以通过实践验证地球生命在宇宙中的可拓展性，而且将有力地促进地球资源的精细化再生循环利用和地球可替代绿色能源的发展，推动地球可持续发展。

参考文献

[1] 3D printing our way to the moon [EB/OL]. http://www.esa.int/Enabling_Support/Preparing_for_the_Future/Discovery_and_Preparation/3D_printing_our_way_to_the_Moon.

[2] Benna M, Hurley D M, Stubbs T J. Lunar soil hydration constrained by exospheric water liberated by meteoroid impacts [J]. Nature Geoscience, 2019, 12(5): 333−338.

[3] Forget F, Costard F, Lognonné P. Planet Mars: Story of another world[M]. UK: Praxis Publishing Ltd., 2008.

[4] First results from the ExoMars Trace Gas Orbiter[EB/OL]. (2019-4-10)[2021-10-8]. http://www.esa.int/Science_Exploration/Human_and_Robotic_Exploration/Exploration/ExoMars/First_results_from_the_ExoMars_Trace_Gas_Orbiter.

[5] Gibney E. How to build a moon base [J]. Nature, 2018, 562(7728):474−478.

[6] Jeevarajan A. Human Space Exploration: Challenges and Opportunities[EB/OL].https://ntrs.nasa.gov/citations/20160014011.

[7] Kornuta D, Abbud-Madrid A, Atkinson J, et al. Commercial lunar propellant architecture: A collaborative study of lunar propellant production[J]. Reach, 2019(13):100026.

[8] Kang U, Choi S K, Ham D J, et al. Photosynthesis of formate from CO_2 and water at 1% energy efficiency via copper iron oxide catalysis[J]. Energy & Environmental Science, 2015(9): 2075−2080.

[9] Li X, Zhang G, Wang C, et al. Water harvesting from soils by light-to-heat induced evaporation and capillary water migration [J]. Applied Thermal Engineering, 2020(175): 115417.

[10] NASA. Exoplanet missions[EB/OL]. (2020-9-24)[2021-10-8]. https://exoplanets.nasa.gov/resources/2147/exoplanet-missions/.

[11] NASEM, DEPS, SSBCASSSLU. An Astrobiology Strategy for the Search for Life in the Universe[M]. Washington (DC): National Academies Press (US), 2018.

[12] NASA. Field of View of instruments making measurements of the vapor and debris composition[EB/OL]. [2021-10-9]. https://www.nasa.gov/images/content/403518main_LCROSS_results2_full_full.jpg.

[13] Orosei1R, Lauro S E, Pettinelli E, et al. Radar evidence of subglacial liquid water on Mars [J]. Science, 2018, 361(6401): 490−493.

[14] RennóN O, Bos B J, Catling D, et al. Possible physical and thermodynamical evidence for liquid water at the Phoenix landing site[J]. Journal of Geophysical Research: Planets, 2009(114): E00E03.

[15] Szostak J. How Did Life Begin? [J]. Scientific American, 2018, 318(6): 65−67.

[16] STARSHOT[EB/OL]. [2021-10-8]. https://breakthroughinitiatives.org/initiative/3.

[17] Seager S. Exoplanet habitability[J].Science, 2013, 340(6132): 577−581.

[18] Sanders G B. Space resource utilization and human exploration of space[J].Space Resources Roundtable and the Planetary & Terrestrial Mining Sciences Symposium: 2016, JSC-CN-33116-2.

[19] Yang J, Ding F, Ramirez R M, et al. Abrupt climate transition of icy worlds from snowball to moist or runaway greenhouse[J]. Nature Geoscience, 2017(10): 556−560.

[20] ZacnyK, Chu P, Paulsen G, et al. Mobile In Situ Water Extractor (MISWE) for Mars, Moon, and Asteroids In Situ Resource Utilization[C]. AIAA SPACE 2012 Conference & Exposition11−13 September 2012, Pasadena, California.

[21] 冯德强，张策，姜文君，等. 地外人工光合成装置研制与试验 [J]. 中国空间科学技术，2020，40(6): 13−22.

[22] 中国国家航天局. 质量最高的全月球影像图和月球标准基础地图 [EB/OL]. (2013-11-22)[2021-10-8]. http://www.cnsa.gov.cn/n6758824/n6759009/n6759040/n6759053/n6759179/c6780438/content.html.

后记

本书内容来源于宁波大学天体化学与空间生命—钱学森空间科学协同研究中心举办的第一届火星夏令营。此次火星夏令营邀请了来自全国各地在空间科学领域有丰富研究经验的专家学者。这些专家组成了本书的编委会，在此感谢各位专家同人对本书的指导和帮助。宁波市科学技术协会为火星夏令营的举办及本书的出版给予了大力支持。本书的成稿要感谢宁波大学的倪锋、李艳国、吴翊乐、赵华、王金辉、任继伟、张葵、马红娜、杨翠等老师的协助，还要感谢王珊珊、郑一岗、王涛、应航[illegible]、郑敏阳、姚婕、诸周洁、俞璐云、胡心帆等每一位积极参加了火星夏令营的学生。

火星夏令营作为宁波大学天体化学与空间生命—钱学森空间科学协同研究中心的重要科普推广活动，后续会有一系列相关的科普内容整理出版，敬请期待。

宁波大学新药技术研究院
副院长／副研究员